国家自然科学基金(51478226,51869001,41977236)资助

人工冻融软黏土微细观结构与融沉机理研究

王升福　杨　平　李栋伟　于广云　著

中国矿业大学出版社

·徐州·

内 容 提 要

本书是一本介绍人工冻融软黏土微观结构与融沉机理的专著,主要是作者在人工冻土领域的研究成果,特别是人工冻融软黏土融沉特性相关的微细观结构研究成果。全书共6章内容:第1章介绍人工冻土融沉特性及微细观结构的研究意义和研究现状;第2章介绍典型海相软黏土物理特性及宏观冻融特性室内试验研究;第3章介绍基于 X-CT 的人工冻融软黏土融沉变形细观特性研究;第4章介绍基于压汞试验的人工冻融软黏土微观孔隙特征及其变化研究;第5章介绍基于扫描电子显微镜(SEM)的人工冻融软黏土微观结构及其变化的显微试验分析;第6章总结了研究成果及研究展望。

本书可作为岩土工程、地下工程、隧道工程等专业以及从事微观土力学(特别是人工地层冻结法领域)的广大科技工作者和高校师生的参考书。

图书在版编目(C I P)数据

人工冻融软黏土微细观结构与融沉机理研究 / 王升福等著. —徐州:中国矿业大学出版社,2020.10
ISBN 978 - 7 - 5646 - 4552 - 6

Ⅰ.①人… Ⅱ.①王… Ⅲ.①冻融作用—软粘土—研究 Ⅳ.①TU43

中国版本图书馆 CIP 数据核字(2020)第 206859 号

书　　名	人工冻融软黏土微细观结构与融沉机理研究	
著　　者	王升福　杨　平　李栋伟　于广云	
责任编辑	杨　洋	
出版发行	中国矿业大学出版社有限责任公司	
	(江苏省徐州市解放南路　邮编 221008)	
营销热线	(0516)83884103　83885105	
出版服务	(0516)83995789　83884920	
网　　址	http://www.cumtp.com　**E-mail**:cumtpvip@cumtp.com	
印　　刷	徐州中矿大印发科技有限公司	
开　　本	787 mm×1092 mm　1/16　**印张** 9.25　**字数** 230 千字	
版次印次	2020 年 10 月第 1 版　2020 年 10 月第 1 次印刷	
定　　价	36.00 元	

(图书出现印装质量问题,本社负责调换)

前　言

　　针对采用人工冻结法施工城市地铁过程中所面临的融沉控制难题,本书以宁波地区典型海相原状软黏土为研究对象,开展封闭系统不同冷端温度条件下的单向冻融试验,对原状软黏土的冻融相关特性进行系统研究,并结合 CT 扫描、压汞试验和环境扫描电镜等进行微细观研究,对软黏土融沉变形的微细观机理进行系列定性和定量分析,得到如下主要结论:

　　(1) 改制一套基于温度梯度控制,能模拟单向冻融的冻胀融沉试验系统,并对宁波地区典型海相原状软黏土进行不同冷端温度条件下的封闭系统单向冻融试验。

　　(2) 对原状软黏土人工冻融特性进行系统研究,研究结果表明:① 随着冷端温度降低,冻胀率和融沉系数减小,且融沉量大于冻胀量。② 冷端温度越低,冻结锋面发展越快,冻结深度越大。③ 土样冻融后试样上部含水率减小,下部含水率增大,冷端温度越高,水分迁移越明显。④ 冻融后沿试样高度不同位置处土体压缩系数和压缩指数均降低,且试样最上端压缩系数和压缩指数最小;冷端温度越高,压缩系数和压缩指数变化越明显。⑤ 冻融后试样上部孔隙比减小,干密度增大;下部孔隙比增大,干密度减小。

　　(3) 通过对不同冷端温度冻融前、后土样进行 CT 扫描,从细观尺度对融沉变形进行研究,分析得出:① 首次发现软黏土封闭系统单向冻融条件下,靠近暖端位置出现冻融颈缩现象,且冷端温度越高,冻融颈缩越明显。② 提出用冻融体积收缩率($\alpha_{\text{F-T}}^{V}$)来评价融沉变形量,并得出冻融体积收缩率与冻结冷端温度呈指数衰减关系,与冻结完成时间呈线性关系。③ 对冻融前、后沿试样高度不同位置的 CT 图像特征参量 CTI 进行统计分析,冻融后土样上部 CTI 增大,下部减小;$\Delta\text{CTI}_{\text{g}}$ 与土体含水率、孔隙比和干密度具有较好的线性关系。

　　(4) 通过压汞试验,对不同冷端温度条件下冻融及压缩前、后的土体融沉变形的微观孔隙变化特性进行研究,研究结果表明:① 软黏土压缩后总孔体积明显减小;冻融后试样上部总孔体积减小,下部增大;冻融压缩土的总孔体积最小。② 软黏土压缩后平均孔径减小;冻融土试样上部平均孔径减小,下部增大;

融化压缩土平均孔径减小，且变化最大。③ 原状土压缩后试样孔隙率减小；冻融后试样上部孔隙率减小，下部增大。④ 将土体微观孔隙分为大孔隙（$d \geqslant$ 1 000 nm）、中孔隙（200 nm$\leqslant d <$ 1 000 nm）、小孔隙（30 nm$\leqslant d <$ 200 nm）和微孔隙（$d <$ 30 nm），冻融及压缩后各状态下的各类孔隙分布变化明显。⑤ 对各状态下的土体总孔体积分布分维数和微孔隙、小孔隙及中孔隙分布分维数进行定量研究，分维数越大，孔隙均一化程度越低，孔隙间尺寸相差越大，越具有大小混杂的特点。

（5）从定性和定量的角度分析软黏土冻融及压缩前、后微观结构的差异和参数变化，得出：① 冻融后试样上部土体被挤压，片状结构排列凌乱，部分大孔隙闭合；试样下部土骨架的片状结构保持较好，颗粒间孔隙明显变大，连通性变好；冻融压缩后，土体孔隙闭合，片状颗粒层叠堆砌，团聚程度增加。② 利用 IPP 图像分析软件提取颗粒和孔隙的平均直径、定向频率、圆形度、丰度和形态分形维数等参数，实现 ESEM 图像定量分析。③ 冻融及压缩后孔隙平均直径减小，土体定向性增强，孔隙平均圆形度增大，孔隙趋向于扁圆形发展；孔隙形态分布分维数增大，且冷端温度越高试样上部的孔隙形态分维数越大。④ 冻融及压缩后颗粒平均粒径减小，颗粒定向性减弱，压缩土颗粒平均圆形度减小；冻融后试样下部土颗粒平均圆形度增大，上部减小；颗粒丰度主要集中于 0.2～0.6；冻融及压缩后土颗粒形态分布分维数增大，且越靠近冷端颗粒形态分布分维数越大。

作　者

2020 年 3 月

目　　录

第 1 章 绪 论

1.1 课题背景与意义

近年来我国城市轨道交通发展迅速,截至 2019 年年末,我国共有 65 个城市的城轨交通线网规划获批,在实施的建设规划线路总长 7 339.4 公里,城市轨道交通网络化运营已成趋势[1],且快速建设的势头仍在持续。未来几十年我国将大规模建设地铁,地铁建设和营运也将面临大量需要解决的问题,其中包括人工冻结法施工联络通道及隧道的工后融沉控制。

城市地铁建设一般每个区间至少设置 1 条联络通道。地铁联络通道主要用作地铁运营中上、下行隧道间的安全通道和用于隧道的集、排水,为地铁隧道施工过程中的最后一道工序。联络通道施工一般采用暗挖法,目前不少城市位于沿江、沿海,其地层条件复杂,特别是软土地区,多为软弱地层,具有天然含水率高、强度低等特征,所处地质环境复杂,因此联络通道施工风险大。人工冻结法在软弱地层城市地铁联络通道及其他地下工程地层加固中已被广泛应用[2],如图 1-1 所示。在我国长三角地区的地铁建设中,大部分联络通道(全部的越江隧道的联络通道)采用人工地层冻结法施工。冻结法加固联络通道已在众多工程实践中得到成功应用[3-7]。

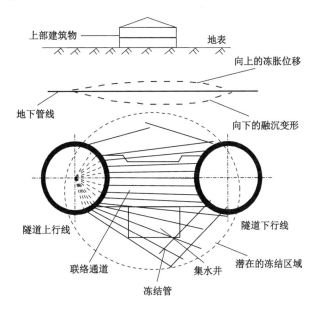

图 1-1 地铁联络通道冻结示意图

对于城市地铁工程而言,人工冻土融沉变形引起的热融沉降及压密沉降对周围环境的影响大[8],易引起联络通道和隧道主线的不均匀沉降,致使运营隧道及联络通道产生一系列灾变破坏[9]。如南京地铁1号线河西段几条联络通道、苏州地铁2号线新家桥—石湖路区间联络通道、宁波地铁1号线多条区间联络通道均因为处于软土地层,由于受限于目前融沉跟踪注浆工艺,均出现了联络通道和主线隧道不均匀沉降,导致联络通道与主线隧道连接处开裂漏水(图1-2),严重影响了地铁隧道的耐久性及长期正常运营。因此冻结产生的融沉成为控制软土地区工后沉降的难题,目前工程中常采用注浆加固控制融沉,主要为自然解冻过程中跟踪补偿注浆[10]。工程实践表明:注浆加固后地层变形暂时得到控制,但是由于融土微观结构和力学性能不同于原状土,自然解冻变形周期较长[9,11]。目前采用的跟踪注浆尚无法达到控制其工后长期融沉的要求,因此软土地层人工冻结长期融沉的控制仍是亟待解决的难题。

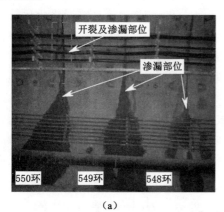
（a）

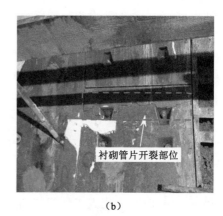
（b）

图1-2　软土地区联通道后期融沉造成隧道开裂及渗水

季节性冻土地区道路冻融后路基土的力学性能劣化,冻融对其影响的研究亦成为解决季冻区道路融沉变形的关键。融沉是多年冻土地区建筑物破坏的主要原因之一,对于季节冻土地区工业与民用建筑物浅基础设施来说是其设计基础埋深时需要考虑的重要因素[12-13]。因此,研究冻土的融沉变形机理具有重要的工程意义。

土体冻融后其物理、力学性能发生变化,宏观表现为物理、力学特性的变化,而土体微细观结构的变化是宏观物理、力学特性发生变化的根本原因[9]。因此,研究软黏土的融沉变形的微细观变化机制,从微细观角度揭示人工冻融软黏土的融沉特性,是工后融沉控制需要解决的根本问题。其不但对解决软土地区人工冻结法融沉控制具有重要的理论和实践价值,而且对季节性冻土地区道路建设也有重要的学术价值。

1.2　国内外研究现状

1.2.1　冻土融沉特性研究现状

人工地层冻结法源于天然冻结。20世纪20年代,苏联学者H. A.崔托维奇等在天然冻土方面取得了大量研究成果,并初步奠定了天然冻土力学理论基本框架[14-15]。我国早期人工地层冻结法主要用于煤矿立井建设[16]。随着冻结法在我国深部矿井建设和市政工程中的广泛应用[16-20],特别是近年来我国加快地铁建设进程,软土地区地下隧道建设中人工冻结加固方法在盾构始发与接收端头加固[21-22]、联络通道开挖加固[11,23-24]、赋水地层隧道盾构盾尾刷更换冻结加固[25-26]等中的应用,充分发挥了人工冻结法增强土体的稳定性、减少变形和隔断地下水的优点,其相关研究水平也相应得到了较大提高。由于人工地层冻结和天然地层冻结的原理、边界条件、冻土形成过程、冻土温度及温度梯度等不同,天然冻土和人工冻土在冻融特征方面存在一定区别。同一时间内,因为人工冻土的温度梯度较大,冻融时间较短,人工冻土的冻胀融沉相对于天然冻土更为显著,且冻胀融沉规律受冻结管布置方式、冻结壁厚度和埋深等因素的影响较大[27]。

土体融沉特性即土体融化过程中产生沉降的性质,已有学者进行了大量的试验研究和理论分析,并取得了丰硕的成果。

(1)试验研究

试验研究主要包括融沉规律和影响因素。

① 融沉规律。

鉴于冻土融沉复杂,融沉计算模型研究远不及冻胀模型(如毛细模型、水动力模型、刚性冰模型、分凝势模型等)研究得深入,国内外学者主要集中在融沉系数、压密系数及二者与冻土基本物理量之间的关系等方面开展研究工作。

崔托维奇采用室内试验和现场实测的方法对冻土的融沉量进行了相关研究,并首次提出了一维冻土融化后的稳定沉降量计算公式[15]。G. H. Waston 等[8]将冻土的压密沉降分解为两个部分,即由自重引起的压密沉降和由附加荷载引起的压密沉降。F. E. Crory[28-29]提出采用土体干容重和含水率来计算融沉系数,并进行了荷载作用下一维融沉试验,得出融沉系数随荷载增大而增大的结论,并将土体不均匀沉降纳入考虑范围。

周国庆[30]提出土体融化过程可分为负温升温、相变和自由水升温三个阶段。陈肖柏等[31]通过大量不同土体的融化压缩试验,归纳得出各种土质融沉系数和压密系数与土体干容重、含水率之间的关系式。王效宾等[32]对南京地区典型土进行融沉特性试验,并得出结论:土体融沉系数随含水率增大而增大,且融沉系数与干密度变化规律中存在一个临界干密度,临界干密度对应土体最小的融沉系数。张青龙等[33]基于修正拉格朗日(U. L)描述下的大变形固结理论和考虑相变作用的温度场得到大变形融化固结理论,对不同路堤高度下填土路基温度场和融沉变形进行研究,与小变形融化固结理论相比,大变形融化固结理论预测高含冰量冻土融沉变形的精度更高。融沉量与路堤高度成正比,且随着时间的增长,融沉变形呈阶梯形发展,路堤越高,现象越显著。定义融沉量与路堤高度之比为沉降比。沉降比是冻土融深增量的单值函数,与路堤高度无关,根据沉降比函数可以快速求出融沉变形量。

② 融沉影响因素。

B. Alike[34]通过对一维条件下土体融沉试验解冻过程中的竖向应力、水平应力和孔隙水压力进行测试,并与三维融沉试验进行比较,得出竖向应力是影响融沉的主要因素。V. D. Ponomarev等[35]认为含水率是砂土融沉的主要影响因素,将饱和度作为融沉指标,且其上覆土层渗透系数越小,解冻过程中砂土压缩性越小。何平等[36]研究得出含冰量越大,融沉系数也越大的结论。梁波等[37]研究了不同含水率、密实度、荷载条件下各类土体反复冻融的融沉特性,得出冻融循环次数与融沉系数的关系式。李韧等[38]分析了高原北部地表能量变化对活动层融化过程的影响。郑美玉[39]通过研究得到粉质黏土融沉系数与含水率、干密度、冷端温度及冻融循环次数之间的关系,确定了各影响因素对季节冻土融沉系数的影响权重。王天亮等[40]通过室内试验研究分析了压实度、荷载以及冻融循环次数与土体融沉性质之间的关系。高宝林等[41]基于青藏铁路多年冻土区路基地温与变形现场监测资料,研究了青藏铁路路基下融化夹层特征及其对路基沉降的影响。当融化夹层下部为高含冰量冻土时,融化夹层与路基沉降关系密切,路基易产生较大的沉降;当融化夹层下部为低含冰量冻土时,路基沉降变形较小。阴琪翔等[42]针对青藏粉质黏土冻融循环作用后融沉及融土压缩特性进行了研究,分析了不同干密度、双向冻结单向融沉试验条件下冻土融沉系数随干密度、冻融次数、上下边界温度等的变化规律。

(2)数值分析研究

数值分析主要集中在融沉规律模拟和融沉影响因素评价方面。

G. L. Guymon 等[43]基于淤泥质土一维单向冻融试验,得到解冻过程中温度和孔隙水压力分布变化规律,并建立以湿气流量和热流量为参数的一维数学模型。A. Foriero 等[44]考虑固结过程中渗透系数、压缩系数的变化,采用有限元方法,基于有限变形固结理论对冻土融沉进行了模拟分析。李述训等[45]基于古典纽曼问题求解,计算了广泛环境条件下冻结和融化过程中系统温度变化与环境间热交换的影响。S. Shoop[46]采用基于 Drucker-Prager 塑性硬化模型的有限元方法,对路基荷载作用下融土变形规律进行了模拟分析。侯曙光等[47]基于 ABAQUS 软件进行了土体冻融过程温度场及位移场耦合分析,提出土体冻融过程中温度场、位移场耦合数值计算方法。在土体室内冻融试验曲线中,土体在冻融开始阶段有历时不长的冻胀现象,之后进入持续融沉状态,而数值计算曲线中土体冻胀阶段不明显;由于冻胀量很小,土体主要表现为融沉变形。蔡海兵[48]基于 ABAQUS 软件建立了冻融瞬态温度场数学模型,提出地铁隧道水平冻结施工期地层冻胀融沉的弹塑性热力耦合数值模拟预测方法。石峰[49]进行了饱和土融化固结研究,推导出按位移求解空间轴对称问题时的基本微分方程,建立饱和冻土融化固结理论模型和非饱和高温冻土融化固结理论模型。田亚护等[50]针对青藏铁路高温冻土区普通填土路基的融沉变形,基于拉格朗日法描述的大变形固结理论及考虑相变作用的路基传热理论,对高温冻土区不同高度填土路基的温度场和地基融化固结变形进行计算分析。张久鹏等[51]结合青藏高原地区实测温度数据,运用数值模拟技术研究多年冻土地区路基温度场变化特征,分析特定温度场条件下冻土路基融沉规律,再以该融沉曲线为路面结构的位移边界,计算了路面结构的融沉附加应力,并与无融沉时的结构响应进行了比较,回归建立了路基融沉变形公式。张玉芝等[52-53]基于地温的估算模型确定边界条件,研究了路基地温随时间的变化规律和沿深度的分布规律,考虑冰水相变的作用,采用热弹性力学理论推导出了冻土路基应力和变形的二维数值方程,建立了路基力学有限元模型。夏才初等[54]基于多层圆筒壁热传导理论,结合斯蒂芬公式计算得到的围岩最大融化深度,以围岩与初衬之间的温度为 0 ℃作为控制条件,推导出了隧道多年冻土段隔热层双层铺设时所需厚度的解析计算公式,并对该解析方法计算结果存在的误差及其来源进行分析,将该解析方法和有限元数值方法的计算结果进行比较。

(3)融土宏观物理特性研究

融土宏观特性的研究主要集中于土体基本参量,如孔隙率、渗透系数、密度等[9]。

E. J. Chamberlain 等[55]、C. H. Benson 等[56]研究提出:冻融循环作用使土的结构发生

变化,导致渗透性发生数量级变化,且这种变化效应随着塑性指数的增大而增大。杨平等[57]、王效宾等[58]研究了原状土与人工冻融土各项物理指标,得出土冻融后密度、干密度及塑性指数略降低,孔隙比、液性指数略增大。杨成松等[59]对砂质黏土和轻亚黏土进行冻融试验,发现经过多次冻融循环,土的干容重趋于某一定值,这一定值与土的初始干容重无关,而与土的种类有关,且发生冻融循环后的土体含水率比初始含水率大,经历冻融变化的部分增加的含水率要比保持融化状态部分增加的含水率要大。P. Viklander[60]研究得出如下结论:冻融作用使松散土体的孔隙比减小,使密实土体的孔隙比增大,并提出了残余孔隙比,即经过多次冻融循环后土体孔隙比趋于稳定值。金龙等[61]构建了高含冰量冻土的融化压缩变形理论模型,描述了高含冰量的冻土的变形过程。王泉等[62]研究发现冻融对黄土有二次湿陷的效果,重塑黄土与原状黄土的二次湿陷系数随着冻融循环次数的增加趋于同一个特定值[9]。

(4)宏观融沉预测研究

宏观融沉预测的研究主要采用统计分析的方法,综合各个影响因素,建立能反映工程实际的融沉系数预测及融沉预报模型。

王效宾等[63]采用 BP 人工神经网络方法建立人工冻土融沉系数的预测模型,并用南京地区典型土质——淤泥质黏土、粉质黏土和粉砂的试验数据作为网络模型的训练样本和测试样本,网络模型的预测结果与实测结果对比表明用 BP 人工神经网络方法预测人工冻土融沉系数是一种很好的方法。姚晓亮等[64]采用 BP 人工神经网络方法得到了各因素与融沉系数间的经验关系数据库,表明综合考虑多因素影响的 BP 人工神经网络经验方法具有较高的预测精度。王广地等[65]应用混沌时间序列预测方法,建立了冻土路基融沉预测的非线性动力学模型,介绍了加权一阶局域算法,并给出了非线性混沌模型在冻土路基融沉预测中的算法步骤。孙全胜等[66]将支持向量机应用于多年冻土路基融沉变形预测中,构建了基于支持向量机原理的多年冻土路基融沉变形预测模型。蔡海兵等[67-68]考虑冻结壁的自然解冻过程和土体压力的变化,运用随机介质理论建立马蹄形水平冻结融沉计算模型,分析对地表融沉有影响的各参数的敏感性,建立了隧道水平冻结施工期地表融沉的历时预测模型。并提出冻结壁自然解冻条件下瞬态温度场由平板解冻理论近似求解,基于平板解冻理论和一维情况下已融土层的稳定融沉量计算公式,确定了预测模型中解冻锋面半径和融缩区域内半径这两个关键参数的取值方法。将所建立的预测模型应用于隧道全断面水平冻结工程中,得到了地表融沉随解冻时间的变化规律。研究结果表明:地表融沉在解冻初期增长速度较快,而在解冻后期增长速度减慢,地表历时融沉量与崔托维奇通过试验得出的天然冻土历时融沉量变化规律一致。

1.2.2　土体微观结构研究现状

土的结构是指组成土的土粒大小、形状、表面特征、土粒间的联结关系和土粒的排列情况。施斌[69]提出:土的结构是指土中各组成部分在空间上的存在形式,结构特征又受各组成部分的定量比例及相互间的作用力控制。土的结构具体包括以下三个方面的内容:① 形态学特征,指结构单元体的大小、形状、表面特征及其定量比例关系;② 几何学特征,指各单元体在空间中的排列状况;③ 能量学特征,指各单元体间的连接特征。结构单元体是结构组成的基本单元,是指相应比例尺下具有固定的轮廓界限和特殊力学作用的单元体。比例尺不同,单元体可以是宏观的单层土、被裂隙分割的土块、微观的团粒或颗粒以及矿物晶体[70-71]。

目前关于土体特性的研究主要分为三个层次——宏观结构、细观结构和微观结构,见表1-1[72-74]。

表 1-1　土体结构尺度及研究内容

结构尺度	结构单元体直径/mm	研究内容
宏观结构	10~2	结构单元体的形状、大小、状态、排列及相互间接触特征、裂隙方向、裂隙大小、有无充填、颜色等
细观结构	2~0.05	砂、粉粒组,原生矿物颗粒及集聚体组成
微观结构	<0.05	单粒、团聚体、叠聚体和孔隙等特征,空间分布状况,接触特点,微细孔隙特征

土体微观结构是指在特定的地质条件下土体颗粒、粒团之间的连接排列方式,微孔隙与微孔隙的大小、形状、数量及其空间分布与充填情况,接触方式等所构成的微观结构特征[75-77]。土的微观结构主要由以下四个特征来表述[78]。

(1) 结构单元特征

结构单元特征包括结构单元体的物质组成、大小、形状、表面特征等。

(2) 颗粒排列特征

颗粒排列特征反映结构颗粒间的空间位置关系,一般具有四种排列形式:① 点-面(PF)形式,即颗粒的角点与另一片状颗粒联结的情况。② 面-面(FF)形式,即颗粒基面相互联结的情况。③ 边-边(EE)形式,即颗粒的边相互联结情况。④ 边-面(EF)形式,即颗粒基面与颗粒棱边相联结的情况。

(3) 孔隙性

孔隙性包括孔隙的大小、形状、数量以及连通性等方面。

(4) 结构联结

结构联结主要指结构单元体之间的相互作用或结合的性质。

土的微观结构性不仅包括土颗粒的几何特征,还包括颗粒间的相互能量特征。土体在微观上是由单元体组成的,单元体的排列方式包括点-面形式、面-面形式、边-边形式和边-面形式。通过对土体微观结构的研究不仅可以了解土体的力学特性,还可以根据土体的微观结构状态参数来建立土体宏观的力学变化机理,从而深入解释土的力学特性。因此,研究土体微观结构对于建立正确的土体本构关系和解释宏观现象均有重要意义。基于土体微观结构建立的本构模型,不仅可以反映土体的应力与应变关系,还可以揭示土体变形和强度变化的微观机理。除此之外,土体工程性质在很大程度上受微观结构的影响,任何复杂的物理、力学性质都是其微观结构特性及其变化的综合体现[79]。

随着制样技术不断完善和微观试验手段的发展,土体微观结构研究快速发展。最近国内外学者对土体微细观结构的研究大多数围绕土体微细观结构定性、定量研究,以期建立微观结构与宏观工程性能之间的关系,特别是随着分形理论、灰色关联法等应用于建立基于统计意义下的微观结构参量与宏观变量之间的联系,土体微观结构定量研究得到极大发展。

（1）土体微观结构定性研究

众多学者借助直接试验手段[如压汞试验(孔隙大小和数量)、液氮吸附试验(孔隙大小、比表面积)、X 射线能量色散谱分析]和间接试验手段[如 X 射线衍射(定向性)、电弥散法(孔隙性)、磁化率法(定向性)、渗透性法(各向异性度)、声波法(各向异性度)及借助扫描电子显微镜(SEM)和计算机断层扫描(CT)获得的图像进行计算机图像处理法(可获得结构图像上所有结构信息)等][79],通过得到土颗粒的定向性、各向异性度以及土体微观孔隙、微观颗粒等结构参数,研究了土体在荷载、温度、干湿循环、水泥土改良、外加剂及盐分侵蚀[74,80-88]等作用前、后微观结构的变化进行了大量研究,以期揭示土体破坏、强度变化等的微观机理。

高国瑞[89]和 V. I. Osipov[90]通过归纳和研究得出如下结论:在天然黏土中可以找到的土体微观结构模型主要有八种,即蜂窝状结构、骨架状结构、基质状结构、紊流状结构、层流状结构、畴状结构、假球状结构和海绵状结构。

V. R. Ouhadi 等[91]探讨了黏土微观结构和质量吸收系数对 X 射线衍射分析所得矿物含量的影响。查甫生等[92-93]研究了孔隙率、孔隙结构等土体的微观结构特征对膨胀土和黄土的电阻率的影响规律。O. Monga 等[94]采用圆柱体和球冠将三维土 CT 图像模型化。N. F. Ngom 等[95]在计算机高分辨率三维断层扫描(CT)土样基础上,用广义圆柱体将土体微结构模型化,土中孔隙可由设定阈值提取[96]。张先伟等[97-99]分析了湛江结构性黏土压缩过程中微观孔隙的变化规律,并从分形理论角度进行解释与验证。其提出结构性黏土压缩过程中微观结构形态的演化可分为结构微调、结构破损、结构固化三个阶段。韩鹏举等[100]研究了硫酸钠对水泥土 X 射线衍射(XRD)物相成分改变的化学反应过程,计算得到扫描电子显微镜(SEM)图像的孔隙平均直径分布规律,探讨了硫酸钠对水泥土强度与微观孔隙的影响规律。杜延军等[101-102]从微观角度出发,探讨了电石渣改良土强度与 pH 值、孔径分布、火山灰反应产物含量的内在联系。结合 X 射线衍射和扫描电子显微镜(SEM)分析,揭示了一种新型磷酸盐基黏结剂对重金属污染土壤稳定性的微观作用机制。周建等[103]对杭州结构性黏土进行室内固结试验,用计算机图像处理软件定量分析土体孔隙特征随着固结压力的变化规律,并讨论微观结构参数与土体压缩性的相关机制。朱长歧等[104-105]建立了天然胶结钙质土的密度、胶结度、孔隙度、颗粒大小等参数与强度之间的关系。A. Ahmed[106]通过扫描电子显微镜(SEM)和 X 射线衍射确定不同掺量石膏废料稳定软黏土的微观结构和矿物组成成分及其变化情况,从微观角度分析了石膏废料固化软黏土的机理及其强度形成机制。万勇等[107]从微观角度揭示了压实黏土在干湿循环作用下的变形特性和强度衰减内在本质。

根据现行图像成像条件,CT 主要被用于观测土体破坏过程中裂隙的产生与发展,并以此建立土体损伤模型,所进行的研究多数依然是定性研究。孙红等[108]通过对上海黏土进行试验,发现土样破坏是局部变形形成剪切带造成的,裂纹在峰值强度后完全形成。此外,尹小涛等[109]对由 CT 获得土样的图像进行了形态学测量,主要测量裂隙的宽度和长度,为 CT 微观观测的量化分析找到了新的思路。N. F. Ngom 等[95]在计算机高分辨率三维断层扫描(CT)土样基础上,用广义圆柱体将土体微观结构模型化,试验土样的孔隙通过图像处理中设定灰度阈值提取获得。

上述试验手段在岩土领域中的应用,为研究土体微观结构提供了广阔的发展空间,但是由于岩土介质的空间分布差异性较大,加之微观结构参数众多,很难以确定的微观结构参量来完整揭露土体宏观物理、力学特性的变化。因此目前大多数土体微观结构研究仅局限于定性研究或半定量的规律总结和归纳。

（2）土体微观结构定量研究

为建立微观结构参数与宏观物理、力学参数之间的关系，众多学者尝试以某些微观结构参数为代表，以期得到宏观工程特性与微观结构参数之间的联系。杨庆等[110]将土体的微结构特征与含水率相结合，研究了非饱和土的基质吸力和有效应力。王志强等[111]分析了石灰固化土宏观力学强度参数与微观结构参数间的关系。李顺群等[112]根据谱系聚类法原理，建立黏土微观结构几何属性的聚类方法，评估黏土结构各向异性。徐日庆等[113]通过对黏土进行扫描电子显微镜（SEM）试验，定性描述了软土微观结构孔隙特征，建立了基于 IPP 图像分析软件的三维孔隙计算模型，基于微积分理论统计了软土的三维孔隙率，为软黏土定量研究开辟了一条新途径。

（3）土体微观结构分形定量研究

从土体的形成来看，土体是由大小不同的颗粒逐渐堆积而成的，在堆积过程中形成了土颗粒及孔隙，这与分形几何构造过程十分相似。为此，可以利用分布分维对土体中的孔隙和粒子进行定量描述[114]。非确定性结构参数（颗粒形状、颗粒表面起伏、颗粒及孔隙分布、接触带形态等）可利用自相似性采用分形几何学的方法确定。

S. W. Tyler 等[115]在土体结构研究中引入分形理论，提出可以用分布分维来描述土体的结构。李华斌[116]认为滑坡中的滑带土体微观结构具有分形的特点，可以用分维作为一种特征值来描述土的矿物颗粒的分布状态。其又从统计物理学和信息论角度将滑带土矿物颗粒的排列熵作为微观结构的另一种特征值，表示滑带土的微观结构从混沌到有序的变化程度。C. A. Moore 等[117]采用分形理论将土体微观结构量化。刘松玉等[118]对土体的孔隙分布特征进行了研究，认为介质的孔隙结构具有分形特征，可以用分形几何来研究，不同的分维值表征不同的孔隙产生机制。毛灵涛等[114]认为软土中孔隙分布及其形状具有分形特征，不同的分布分维可以从不同角度反映土体的加固效果和力学特性变化。许勇等[119]明确了颗粒分布分维、孔隙分布分维等微观结构参数的分形特征的宏观本质。唐益群等[120]建立了加固后土样的孔隙度分维数与土体固结度之间的关系，用孔隙度分维数对地基加固程度进行预测。崔振东等[121]结合分形理论，得出土体固结过程中微观参数（孔隙率、等效直径、圆度、形状因子、分布取向角和孔隙形态的分布分维等）的变化与工程宏观表现相统一的结论。李向全等[122]从黏性土土体结构系统出发，建立了土体结构形态概念模型。根据土体的非线性特征，运用分形几何理论，提出 7 项表征土体微观结构状态的定量分维指标。王伟等[123]采用计算机跟踪系统，对动载试验下的土颗粒进行动态跟踪测量，孔隙分布、定向性及分布分维等可以经过图像处理得到。陈惠娥[124]研究了水泥加固土微观结构的分形。曹洋等[125]采用分形理论对波浪荷载作用下的饱和软土微观结构进行研究，根据循环加载前、后微观结构特征参数的变化规律，揭示了波浪荷载作用下循环应力比和频率对土体微观结构的影响以及土体宏观变形的微观机制。

（4）土体微观结构本构模型研究

从微观角度来分析土体的力学特性，是探索本构模型的途径之一，土体微观本构关系的建立是近年来微观测试技术发展后才开始的。其基本思路是基于材料中的应力与应变关系，将土体微观结构定量研究引入土的应力与应变关系研究中，可以更加清楚地认识宏观本构关系的本质,从而建立更符合实际、可靠、准确的数学模型表达式,这样获取的微观本构模型才能摆脱连续性假设的长期束缚,取得突破性的成果[126]。土体本构模型作为解决土体受力变形计算的关键,近年来,国内外学者通过对土体结构受力的研究,提出了很多土体计算本构模型。苗天德等[127]通过对黄土细微观结构的研究,利用数学突变理论建立了黄土微结构失稳模型,并提出了湿陷性黄土的本构关系。徐永福等[128]通过研究膨胀土的微结构,建立了膨胀土的弹塑性本构模型。施斌等[129]从土的微观结构角度出发,建立了各向异性黏性土蠕变的微观力学模型。石玉成等[130]通过微结构电镜扫描试验获取黄土颗粒和孔隙的分布,应用统计细观损伤力学和结构力学的理论建立了黄土震陷的结构损伤模型,并建立了完整的震陷本构关系。尹振宇[131]指出微观力学解析模型不仅可以很好地考虑土的微观结构及其变化,还可以比较容易地应用于工程实践。蒋明镜等[132-133]研究了水合物微观胶结模型中的胶结参数,并依据能源土中水合物胶结可发生于两种接触形式(直接接触与有间距)的土颗粒间,提出适用于两种胶结模式的力-位移准则和胶结破坏准则。刘恩龙等[134]建立了基于热力学和微极理论并考虑颗粒破碎的微观力学模型。通过引入颗粒破碎准则,并采用均匀化理论,建立了颗粒尺度的应力、应变关系。

在土体微细观结构研究的基础上建立本构模型,不仅可以反映土体的应力-应变关系,还可以揭示土体变形和强度发展的微观机理,对于解决目前土体本构模型研究中碰到的问题,微观本构模型的研究将是突破土体本构模型研究瓶颈的有力手段之一。

1.2.3 冻土微观结构研究现状

由于冻结土体中存在冰晶,使得冻土微观结构较非冻土复杂得多,特别是在土体冻结过程中,土体内部水分随着冻结锋面的推移而迁移,伴随着冻融进行,土体微观结构发生了较大的变化。近年来随着我国常年冻土地区和季节性冻土地区基础设施建设进程的加快,出现了众多难题。此外,人工冻结法在城市地下工程建设中应用时也同样面临迫切需要解决的一系列冻融问题。

目前关于冻结土体微观结构的研究主要包括外力作用下冻融土的微观结构变化、动荷载作用下冻融土的响应、冻结过程及冻融前、后土体微观结构的改变等。

(1)关于冻融土体在外荷载作用下微观结构变化的研究

马巍等[135]对围压作用下的冻结砂的微结构进行观测分析,给出了不同围压下的微结构特征:在围压作用下土颗粒产生位错,围压增大,颗粒破坏程度明显加剧。由于孔隙中胶结冰受挤压,导致矿物颗粒周围出现絮状褶皱,甚至在低应变速率下产生明显微裂隙。并得到不同围压下饱水冻结砂土的宏观强度与微观结构变化趋势的结论。张长庆等[136-137]根据人工冻土的单轴蠕变试验资料和扫描电子显微镜(SEM)分析结果,对不同应力和作用时间对微观结构影响进行研究,讨论了冻土蠕变过程中的微观结构损伤行为与变化特征。研究提出:压缩蠕变条件下导致冻结黄土微观结构损伤的位错形式主要是旋形位错。位错运动制约着冻土损伤过程的形态和规模。不同应力水平与蠕变作用下损伤产物形态特征各异。长时荷载作用下高温冻土中将产生矿物颗粒与冰晶之间的分聚作用。王家澄等[138]利用扫描电子显微镜(SEM)研究了不同温度及不同压力条件下土在正冻、已冻和正融状态下的微观结构状态及其变化过程,得到整个冻结融化过程中土颗粒发生的位移、团聚和分异以及未冻水膜形态和冷生结构的形成机理;不同受力条件下冻土颗粒的错位、破碎及微裂隙的发育和破坏机理[96]。刘增利等[139]进行了冻土微观结构动态变化过程研究,冻土压缩的动态过程包括压密、局部变形和破坏等阶段,各阶段的微观结构是不同的。研究指出:冻土内首先在薄弱部位(如冰晶体内、冰与矿物颗粒接触点(面)等处)产生微裂隙和孔洞,随着荷载增加,微裂隙逐渐增多,并开始汇聚、扩展直至破坏。李洪升等[140]在观测冻土微观结构的基础上提出了对冻土中微裂纹尺寸进行识别和确认的方法,给出了 3 种典型土质在不同温度下的微裂纹尺寸参考值,为应用冻土强度破坏准则进行定量计算与分析提供依据。T. Zhang[141]采用微结构叠加技术,完善了三维微结构的本构关系,以研究冻、融土的力学行为。李蒙蒙等[142]在低含水率非饱和土模型的基础上,从冻土物理特性出发,只考虑毛细吸力和附加压力的作用,建立了非饱和高温冻土细观结构模型。张英等[143-144]对经历不同冻融次数的土样进行单轴抗压强度试验、扫描电子显微镜(SEM)试验和压汞(MIP)试验,采用数字图像处理技术对土样的微观结构图像进行定量分析以揭示冻融循环对土体强度影响的微观机制。

(2) 关于冻融作用对土体微观结构影响的研究

李杨等[145]利用计算机图像处理系统对长春地区季冻土的扫描电子显微镜(SEM)图像进行分析,结合分形理论,对土的微观结构和结构单元体的大小、形状、分布以及定向性进行定量评价,分析了土结构对水分迁移机理的影响。提出降低颗粒分布分维数,增加孔隙定向分维数,能有效防止水分迁移和冻胀。董宏志等[146]利用扫描电子显微镜(SEM)技术,从土体微观结构特征出发,对季节冻土的粒度成分、结构单元体成分、孔隙特征及结构特征进行了定量分析,并对其与水分迁移的关系进行了讨论。赵安平等[147-149]采用扫描电子显微镜(SEM)提取路基土在冻胀过程中不同状态下的微观结构图像,进行微观参数定量分析,对季冻区路基土孔隙进行了定量评价,并选取孔隙参数、结构单元参数、外部条件参数,建立季节冻土冻胀率神经网络预测模型。穆彦虎等[150]通过补水条件下的冻融循环试验,对经历不同冻融次数的压实黄土试样进行扫描电子显微镜(SEM)图像的定量分析,同时进行土样宏观物理性能的测试,探讨微观结构与宏观性能之间的关系,揭示冻融循环对压实黄土结构影响的过程与机理,得出如下结论:随着冻融循环次数的增加,土样内部冰晶的生长和冷生结构的形成导致土样中孔隙体积增加,土颗粒受到挤压并形成新的土骨架结构;大、中孔隙个数及其所占孔隙总面积百分比显著增大。郑美玉等[39,151]分析了不同冻结状态下的孔隙结构变化特征,表明冻融前、冻融中以及冻融后土的微观结构特征产生一定的变化。

王绍全等[85]使用扫描电子显微镜(SEM)对最优石灰掺量(6%)的石灰改良土和素土的微观结构进行分析,探讨了不同冻融次数对石灰改良土微观结构的影响,研究冻融作用下石灰改良土的微观机理。其研究结果表明:随着冻融次数的增加,素土结构破碎,土颗粒粒径减小,大孔隙数量减少,但总的孔隙数量增加,土颗粒间接触点数量增加;石灰改良土在冻融次数较少时土体破碎,碎屑物质较多,孔隙被碎屑填充,团聚体数量减少但体积增大;冻融次数较多时,土体孔隙数量减少,碎屑与胶结物质充分结合形成大团聚体,土体多数为整体嵌合的集合体。谭龙等[152]采用低场核磁共振技术测试了冻融循环过程中不同土质和不同 NaCl 离子浓度饱和试样的未冻水含量,结合 T2 分布曲线从微细观角度分析了冻融过程中未冻水在孔隙内的赋存情况。

(3) 关于 CT 在冻土微观结构中的研究

CT(computerized tomography,计算机层析识别技术)主要基于射线与被检测试样间相互作用原理,采用投影重建方法获取被检测物体的数字图像。CT 无损检测不破坏试样的整体性,能真实反映冻土内部微观结构变化[153]。1982年医用CT首次被引入土壤容重空间变异性的研究中,之后又用于测定土壤水分。J. Hainsworth 等[154]讨论了用CT测定土壤含水率的可行性。S. H. Anderson 等[155]研究了用CT测定土壤容重和水分含量的方法。近年来,CT在土壤中的应用研究表明:土壤对射线的吸收强度与其容重和水分含量存在显著的线性关系,可测试土壤水分含量和容重的空间分布,并由此建立图像数据与土壤水分和容重之间的通用关系式矩阵。

蒲毅彬等[156]首次利用医用计算机断层扫描仪(CT)进行功能开发和改造,对冻融过程中的土和载荷作用下的冻结土、岩及冰进行扫描,对其内部结构的变化及裂纹、孔洞的发展过程进行了无损定量观测。其通过细致的图像分析,获得试样内部水分含量、密度和结构变化的数据,取得了一系列创新性研究成果[156]。刘增利等[157]引入冻土附加损伤概念,得出了冻土在受载荷作用下产生的微裂纹与CT数之间的关系,建立冻土密度与CT数以及冻土内部损伤量与CT数之间的关系模型。凌贤长等[158]基于冻结粉质黏土动三轴试验前、后试件CT检测结果,研究了冻土的强度、微观变形机制和结构损伤等变化特性及其与试验的负温、围压、含水率、容重、轴向荷载的振动频率和振动次数等主要影响因素之间的关系。王路君等[159]通过对比CT和SEM、AT等研究方法,肯定了CT技术在岩土工程中的适用性,并论述了CT技术在岩土体受力过程中的裂隙发育、土体结构变化、土壤中的大孔隙研究、岩土体动三轴及冻土CT检测等方面的应用前景。徐春华等[160]基于冻土试样震融沉前、后CT测试数据及扫描图像,定量分析了土样结构微裂纹发展和密度变化规律。程学磊等[161]研究了不同围压和负温对冻土强度及其微观结构的影响,并对冻土微观参数进行主成分分析。明锋[162]对冻结前、后的土样进行CT扫描,分析冻结前、后土体结构的变化,并得出CT图像灰度分布图呈单峰分布,冻结后未冻区的CT数增大,冻土区的CT数减小。土样冻结后灰度几何图形逐渐变宽,整体向左移动。冻结过程中土样内水分迁移并冻结,导致孔隙增大,表现为CT数平均值不断减小。

CT技术在岩土研究方面的应用经历了由单一应力场条件下岩土体细观结构损伤演化发展过程的研究,到现在温度场和应力场耦合作用下冻土体细观结构复杂特性的研究[155]。

(4)关于人工冻土融沉特性微观结构的研究

目前关于人工冻融土微观结构的研究相对较少。唐益群等[163-165]以上海地铁隧道江底联络通道冻结施工中的原状和冻融作用后的暗绿色粉质黏土为研究对象,结合该土体冻结前和融化后的2 000倍微结构扫描电子显微镜(SEM)图像,分析了土体冻、融后动力特性变化微观机理。其研究指出:在动荷载作用下,冻结时水分膨胀对土体微观结构的破坏使融化后土体的最大动应力削弱。洪军[166]以淤泥质黏土为研究对象,研究了冻结温度对土体孔径、孔隙形状、定向性、面孔隙度和面孔隙比的影响。崔可锐等[167]利用偏光显微镜、扫描电子显微镜(SEM)定性分析了人工冻融土与原状土的中微观结构和冻融前、后中微观结构的变化规律及其内在原因,认为冻融前、后的中微观结构的变化在一定程度上导致冻融前、后的物理、力学、工程性质发生改变。刘贯荣等[9,168]综述了人工冻土融沉特性、融土特性、常温土微观结构和冻融土微观结构的国内外研究现状,指出融土微观结构与融沉关系的研究尚属空白,提出融土微观结构与融沉关系的研究和以微观结构特征来表征宏观融沉特性是未来冻融土微观结构的研究方向;进行冻融及压缩试验,研究了淤泥和黏土的融沉特性;通过压汞试验和扫描电镜试验获得孔隙特性和微观显微结构图像;结合分形理论对粒度分维、孔径分维、颗粒分布分维、孔隙分布分维 4 个微观结构参数进行量化研究。

1.2.4　人工冻土融沉特性微细观结构研究中存在的主要问题

（1）原状土单向冻融条件下基于温度梯度的人工冻融特性研究不够深入。

由于人工地层冻结和天然冻土形成过程的原理、边界条件、形成过程、冻土温度及温度梯度等不同，天然冻土和人工冻土的冻融特征存在一定区别。但是在单向冻融条件下，随着距冷端位置距离的变化，土体冻融前、后温度场、含水率和土体自身结构等变化程度不同，虽然目前关于冻融前、后冻土水分重分布和温度场变化的研究在一定程度上揭示了冻融前、后土体的变化情况，但是多数以扰动后的重塑土或季节性冻土为研究对象。而人工冻结条件下较大的温度梯度使得土体冻融前、后水分重分布，冻融过程中温度场的变化规律等与现有研究存在较大差异，因此对不同冷端温度条件下人工冻融原状土体沿冻结方向不同位置处冻融前、后的温度场、土体结构和土体参数的变化进行系统研究，对于揭示人工冻融条件下土体的融沉变形机理尤其重要。

（2）原状土人工冻融条件下三维体积变形的研究较少。

目前评价土体冻融过程中的冻胀和融沉变形主要以沿冻结方向土样高度的变化来定义冻胀率和融沉系数，但实际上由于冻融过程中水分迁移路径的复杂性和土体冻融过程水分迁移导致的孔隙水压力和有效应力变化，使得人工冻融条件下土体发生三维变形。在单向冻融条件下，三维变形程度随着冻结冷端温度和距冷端距离的变化而不同，目前尚缺乏该方面的研究。

（3）缺乏对原状土人工冻融条件下微观孔隙结构的研究。

由于冻融过程中土体颗粒不可压缩，土体的融沉变形主要是由冻融过程中水分迁移和孔隙的压缩引起的。不同冷端温度冻融前、后土体沿冻融方向不同位置处微观孔隙的多少和尺度分布的变化对于揭示土体的融沉变形具有重要意义。而关于人工单向冻融条件下沿试样高度不同位置处土体的微观孔隙变化情况，目前尚缺乏系统研究。

（4）缺乏对人工冻融条件下原状土微观结构形态变化的研究。

土体结构由土颗粒和孔隙组成，冻融后土体的融沉变形在尺度上表现为土颗粒和孔隙的变化。根据目前的研究，土体微观结构的变化主要表现为土颗粒的挤压、重新组合、错位变形、接触形态的改变和孔隙的闭合、连通、扩张、结构形态的改变等。目前对土体冻融后微观结构的研究尚处于起步阶段，而对于人工单向冻融条件下原状土体沿冻融方向不同位置处的土体微观结构变化研究尚未进行。

1.3　本书主要研究内容、方法与技术路线

1.3.1　研究内容

（1）基于温度梯度模拟人工冻结冻胀融沉试验设备改制

现有冻胀融沉试验仪采用以温差电现象为基础的热电制冷板制冷，冻结过程中采用单冷端控温方式，无法精确控制冻结过程中的温度梯度，且现有环境箱控温精度较低。针对以上问题，改制一套基于温度梯度控制的能够模拟人工冻融过程的土体冻胀融沉试验设备，所改制试

验设备满足单向冻融条件下冷端和暖端的精确控温,以及环境试验箱的精确、均匀控温。试验过程中实时、自动采集并记录沿试样高度方向不同位置处的土体温度,土样竖向位移及冷端、暖端、环境试验箱的温度等。另外,对试样尺寸有较高的要求:须满足冻融试验过程中温度梯度的采集和冻融后可沿试样高度取不同位置处土样进行压缩试验、微观结构试验等。

(2) 不同冻结温度梯度下软黏土冻融相关特性研究

① 通过开展不同冷端温度条件下的原状软黏土封闭系统单向冻融试验,研究不同冷端温度条件下冻结和自然解冻条件下的原状软黏土冻胀融沉特性。

② 通过实时监测不同冷端温度条件下冻融过程中沿试样高度不同位置处的温度变化,研究封闭系统单向冻融过程中温度的变化规律、冻结过程中冻结锋面的发展规律及不同冷端温度条件下的冻结和融化完成时间。对比分析不同冷端温度条件下原状软黏土的温度梯度发展情况,研究冻结锋面的发展规律。

③ 研究不同冷端温度条件下冻融前、后沿试样高度的水分重分布情况、水分迁移差异、原状软黏土水分迁移机理。

④ 比较不同冷端温度条件下沿试样高度不同位置处土体冻融后压缩特性的差异;研究孔隙比、干密度等的变化与水分迁移之间的关系;揭示原状软黏土冻融压缩后的土体结构变化机理。

(3) 基于 X-CT 的人工冻融软黏土细观特性研究

① 基于计算机层析识别技术(CT),进行不同冷端温度条件下冻融前、后土样的 CT 扫描,获得冻融前、后土样的三维 CT 图像。通过对冻融前、后试样结构形态的对比,定量研究封闭系统单向冻融后软黏土细观特性,结合单向冻结时冻结锋面处负孔压作用使土体固结的现象,揭示封闭系统单向冻结条件下冻融后土体变形的本质。

② 结合对不同条件下冻融前、后土体三维 CT 图像的精确测量和对比,定量研究不同冷端温度条件下冻融后土体体积变化情况,并与计算所得的冻胀率和融沉系数进行对比,研究体积收缩率与冻结完成时间之间的定量关系,揭示体积变形机制。

③ 提取并计算不同冷端温度条件下冻融前、后土体的 CT 特征参量 CTI,分析不同冷端温度条件下冻融前、后沿试样不同高度的 CTI 变化情况,建立冻融前、后含水率、孔隙比和干密度的变化与 CTI 变化之间的定量关系,为 CT 定量表征土体冻融前、后的变化提供可能。

(4) 基于压汞试验(MIP)的人工冻融软黏土微观孔隙特征及其变化研究

① 基于压汞试验(MIP)的土体微观孔隙特征及其差异性。对不同冷端温度条件下冻融及压缩前、后沿试样高度不同位置处原状土、原状压缩土、融土、融化压缩土等四种状态土样开展压汞试验,获得不同状态压汞试验数据,分析各状态下微观孔隙的差异。

② 研究冻融及压缩前、后软黏土各状态土样的微观孔隙分布,定量分析冻融及压缩作用下土体微观孔隙(孔隙直径、孔隙体积、孔隙面积)的变化;研究土体融沉后沿温度梯度方向试样不同高度处微观孔隙(孔隙直径、孔隙体积、孔隙面积)的差异。

③ 结合温度梯度发展和水分迁移,定量分析不同冷端温度冻融及压缩前、后土体微观孔隙(孔隙直径、孔隙体积、孔隙面积)的改变,运用分形几何相关理论,定量研究微观孔隙的分布分维变化情况,从微观孔隙角度揭示不同冷端温度冻融及压缩前、后软黏土结构变化的本质。

(5) 基于环境扫描电子显微镜(ESEM)的人工冻融软黏土微观结构及其变化研究

① 基于环境扫描电子显微镜（ESEM）和图像处理技术的土体微观颗粒和孔隙的特征及其差异，对不同冷端温度条件下冻融及压缩前、后沿试样高度不同位置处原状土、原状压缩土、融土、融化压缩土等四种状态土样进行 ESEM 扫描，拍摄不同放大倍率的照片。观察并分析不同状态下土样真实微观结构形态的变化情况，定性比较各状态下土体微观颗粒及孔隙的形态特征和接触特征。

② 基于 Image-Pro Plus 图像分析软件，对冻融及压缩前、后不同状态下土样的微观孔隙和颗粒的变化情况进行定量研究，提取并计算微观孔隙及颗粒的平均直径、孔隙及颗粒定向性、圆形度、孔隙及颗粒形态分布分维数等微观结构定量参数，定量研究不同冷端温度条件下冻融及压缩前、后沿试样高度不同位置处的差异。

③ 结合温度梯度发展和水分迁移，定量分析不同温度梯度作用下土体微观孔隙和颗粒特征的改变，借助分形理论选取微观特征参量进行微观结构定量分析。

1.3.2　研究方法和技术路线

采用宏观试验和多种微细观试验手段相结合的方式，提取多个微观特征参量，对比分析不同条件下冻融及压缩前、后微观参量的变化，得出相关微观机理。从微细观角度阐述冻融作用致使软黏土变化的规律，为研究软黏土的冻融特性和融沉控制提供理论支撑。

本书所采用技术路线图如图 1-3 所示。

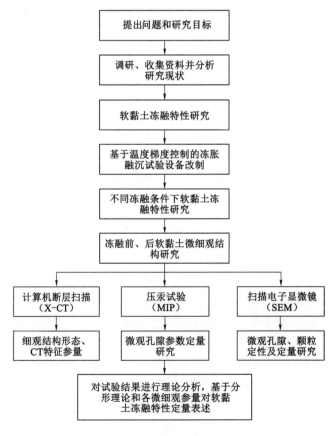

图 1-3　技术路线图

第 2 章 典型海相软黏土物理特性及 宏观冻融特性研究

2.1 引言

试验用土取自宁波地铁 5 号线勘察段典型的软黏土土层,取④$_2$层粉质黏土进行研究,其属于海相软黏土,现场初勘呈软塑状态,层底标高为-35.99~33.05 m。本章采用试验土力学的研究方法,在系统的室内土工试验基础上,全面掌握宁波地区典型软黏土的土工特性和热物理性质。并针对现有冻胀融沉试验仪的不足,改制一套能够满足试验需求的基于温度梯度控制的冻胀融沉试验系统,对原状软黏土试样开展不同冷端温度条件下的单向冻融试验,研究原状软黏土的冻融特性,冻融过程中土体的温度场变化规律和冻融前、后水分重新分布情况,并对冻融后沿试样高度方向不同位置处的土样进行压缩试验,对软黏土的融沉特性进行系统研究。

2.2 试验土样的物质组成

2.2.1 粒度成分

土颗粒粒度成分是土体重要的基本性质之一,是研究冻融特性的关键因素。采用 Microtrac S3500 激光粒度分析仪对试验软黏土进行粒度分析,测试结果如图 2-1 所示。可见:粒径主要分布在 1~100 μm 范围内,其中粉粒(5~50 μm)占 80.54%,黏粒(<5 μm)占 12.04%。

2.2.2 元素成分

能量色散 X 射线光谱(EDS)可以与扫描电子显微镜(SEM)配合使用进行分析。采用 EDS 确定试验土样的元素组成,从而推断其成分组成,测试结果见表 2-1。

由表 2-1 可知:试验软黏土主要元素为 Si、Fe、Al、K,还含有少量的 Na、Ca、Ti、Mn、Cu、Zn 等。因此,可以推断其主要包含长石($KAlSi_3O_8$、$NaAlSi_3O_8$ 和 $CaAl_2Si_2O_8$)、伊利石($K_{0.75}(Al_{1.75}R)[Si_{3.5}Al_{0.5}O_{10}](OH)_2$)、石英($SiO_2$)、高岭石(氧化物形式为 $2Al_2O_3 \cdot 4SiO_2 \cdot 4H_2O$)等原生或次生矿物。其中石英和长石是粉粒的主要成分。

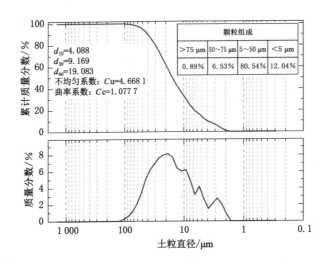

图 2-1　试验软黏土颗粒分析曲线

表 2-1　EDS 元素分析测试结果表

元素	Na	C	Al	Si	K	Ca	Ti	Mn	Fe	Cu	Zn	O
含量（物质的量）/%	0.83	1.41	8.84	26.11	3.43	0.97	0.71	0.18	12.68	0.2	0.41	44.23

2.3　试验土样的物理性能

2.3.1　热物理性能

土体冻结的热物理性能参数主要包括：起始冻结温度、体积热容、导热系数、导温系数。

（1）起始冻结温度

土体起始冻结温度对实际工程中冻结壁的设计具有重要意义，同时它也是判断土体在冻结过程中是否达到冻结锋面的标准。当温度降到 0 ℃时纯水结冰，而土中的水溶有很多物质，土中矿物颗粒表面力场的作用和孔隙水所含的盐分等，会使土中冰点降低。此外，当温度降至冰点时，水相变产生大量相变潜热，融化了刚生成的冰晶，使土体起始冻结温度低于 0 ℃。大量试验表明：土体温度达到冻结温度时还有相当一部分孔隙水没有冻结，该部分孔隙水在土体温度进一步降低过程中继续发生水的相变。

参照《土工试验方法标准》（GB/T 50123—2019），取原状软黏土进行冻结温度试验。试验装置主要由零温瓶、低温瓶、塑料管、试样杯和温度采集系统组成，自动连续采集并记录试样降温过程中每个时间点的温度。本试验用土的起始冻结温度试验结果如图 2-2 所示。

由图 2-2 中曲线可以看出该软黏土冻结温度曲线分为五个阶段：冷却段（AB）、过冷段（BC）、突变段（CD）、稳定冻结段（DE）、继续降温段，同时对相同土体进行 3 个平行试样试验，其起始冻结温度相同，均为 −0.4 ℃，即本书试验用土的起始冻结温度。

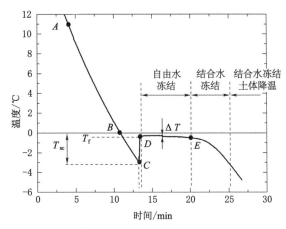

T_f—起始冻结温度；T_{sc}—过冷状态对应的温度。

图 2-2　土体起始冻结温度试验结果

（2）体积热容

单位体积土体温度改变 1 ℃所需热量称为体积热容（C_s），单位为 J/（m³·℃），是表示土体蓄能能力的指标。与体积热容相似的概念是比热容（c），表示单位质量土体改变 1 ℃所需要的热量，单位为 J/（kg·℃）。土体积热容与土的干密度、冻土骨架比热、水和冰的比热以及未冻水含量有关。

（3）导热系数

单位温度梯度下单位时间内通过单位面积土体的热量称为导热系数（λ），单位为 W/（m·℃），表示土体导热能力。土的导热系数是干密度、含水（冰）量和温度的函数，并与土体矿物成分和结构有关。

（4）导温系数

导温系数（α）是表征材料导热性能的重要指标，也称为热扩散率，表示土体温度升高或降低时其内部温度趋于一致的能力，单位为 m/h。导温系数越大，土体内部的温度分布趋于一致的速度越快。

体积热容、导热系数、导温系数之间存在一定关系：

$$\alpha = \frac{\lambda}{c\gamma} \tag{2-1}$$

式中，α 为导温系数，m/h；c 为比热容，J/（kg·℃）；λ 为导热系数，W/（m·℃）；γ 为土的重度，kN/m³。

能够直接测量导热性和体积热容的 ISOMET 热特性分析仪，可配置不同的传感器来测量不同材料的物理性能，针型传感器可用来测量多孔、纤维或柔软的材料，能够满足软黏土的测量需求。另外，表面传感器可用来测量硬质材料。ISOMET 热特性分析仪采用动态测量方法，有效缩短了测量导热性的时间（一般为 10～16 min）。其可测量项目包括导热系数 λ、导温系数 α、体积热容 C_s。其测量范围宽，精度较高。表 2-2 为试验土样热物理性能参数。

2.3.2 基本物理性能

原状土的基本物理性能指标,参照《土工试验方法标准》(GB/T 50123—2019)的规定进行相应的试验,相关结果见表 2-3。

表 2-2 试验土样热物理性能参数

土体	起始冻结温度 T_f/℃	导热系数 λ/[W/(m·℃)]	体积热容 C_s/[J/(m³·℃)]	导温系数 α/(m/s)
原状软黏土	−0.4	1.36	2.23	0.61

表 2-3 试验土样基本物理性能指标

含水率 w/%	密度 ρ/(g/cm³)	土粒比重 G_s	天然孔隙比 e_0	液限 w_L/%	塑限 w_P/%	塑性指数 I_P	饱和度 S_r/%	渗透系数 /(cm/s)
38.38	1.69	2.73	1.18	44	19	25	87.9	4.839×10^{-7}

2.4 基于温度梯度控制的冻胀融沉试验系统设备改制及试验方案

2.4.1 设备改制

现有冻胀融沉试验仪采用以温差电现象为基础的热电制冷板制冷,冻结过程采用单冷端控温方式,无法精确控制冻结过程的温度梯度,且现有环境箱控温精度较差。本试验在南京林业大学冻土试验室冻胀融沉试验仪的基础上对其进行改制,开发了一套能够模拟温度梯度作用下人工地层冻结的冻融试验系统,包括试验控温环境箱、单向冻融仪、冷冻液制冷循环设备、温度及位移量测设备、数据采集记录设备和计算机系统。

其中单向冻融仪包括控温顶板、有机玻璃绝热试样筒、控温底板、铜质透水传热板和基座等。试样筒放置到控温底板预留槽中并放置一块铜质透水传热板,使试样筒能够完全契合嵌入控温底板,试样筒下部预留补水/排水孔。上控温板能够契合置于试样筒内。上控温板和下控温板的循环冷液出、入口分别连接外置冷浴循环装置,可根据试验设定的顶板/底板温度提供冻结冷量。试样筒侧壁预留 5 个温度传感器(热电偶)的安放孔,试验时将针状热电偶插入土样中。试样筒上方安置竖向位移量测装置(滑动式位移传感器),用连杆将其固定于基座。

冻胀融沉试验系统如图 2-3 所示。

新改制的冻融试验系统主要设备参数见表 2-4。

2.4.2 试验步骤

结合《土工试验方法标准》(GBT 50123—2019),试验应按照以下步骤进行[169]:

① 用土样切削器将原状土样削成直径为 79.8 mm、高度为 100 mm 的试样,称量确定密度并取余土测定初始含水率。

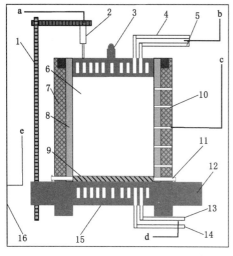

（a）结构示意图

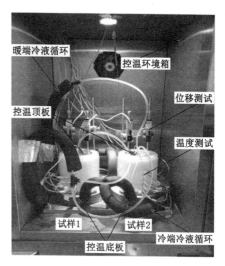

（b）实物图

1—支架；2—位移传感器；3—控温顶板；4—顶板循环液出口；5—顶板循环液进口；6—试验土样；7—保温材料；
8—有机玻璃试样筒；9—铜质透水板；10—温度传感器插孔；11—补水/排水口；12—底座；13—底板循环液进口；
14—底板循环液出口；15—控温底板；16—控温环境箱。
a—位移测试系统；b—暖端控温系统；c—温度测试系统；d—冷端控温系统；e—环境控温系统。

图 2-3 改制冻胀融沉试验系统

表 2-4 冻融试验装置主要设备技术参数

设备	型号	技术指标	规范要求
温度环境箱	雪中炭 XT5405 控温环境试验箱	温度范围：−30～−50 ℃； 分辨率：0.1 ℃； 恒温波动度：±0.1 ℃	容积：≥0.8 m³； 温度精度：±0.1 ℃
温度传感器	T 形热电偶	测温范围：−200～350 ℃； 测温精度：0.1 ℃； 测温端直径：1.5 mm，长度 65 mm	温度精度：±0.1 ℃
位移传感器	Novotechnik TR50 滑动电阻式位移传感器	工作量程：50 mm； 精度：0.001 mm； 外形尺寸：40 mm×40 mm×95 mm	量程：30 mm； 最小分度值：0.01 mm
数据采集仪	Data taker DT80 ＋CEM20	采集仪：5 通道； 扩展槽：20 通道； 信号精度：0.1%； 外形尺寸：180 mm×130 mm×65 mm	满足温度传感器和位移传感器数据信号的采集与记录
试样筒	自制	双层有机玻璃，中间填充聚氨酯； 外径：120 mm；内径：79.8 mm； 高度：140 mm	内径：79.8 mm； 高度：140 mm

② 有机玻璃试样筒内壁涂上一层薄凡士林，下部放置一块铜质透水板并覆盖一张薄滤

纸,然后将试样装入试样筒,让其自由滑落。

③ 将装好土样的试样筒轻轻放置到底板上,在试样顶面再加上一张薄滤纸,然后放上顶板,并稍微施加力,使试样与顶、底板紧密接触。

④ 调整好试样筒在环境箱中的位置,试样周侧、顶、底板内分别插入温度传感器,开启下部排水孔,安装位移传感器。

⑤ 开启恒温环境箱、控温顶板、控温底板冷浴循环,开启数据采集系统并开始记录数据。试样恒温阶段,恒温环境箱、控温顶板、控温底板温度设定为 1 ℃,恒温 6 h,监测温度和变形。待试样初始温度达到 1 ℃以后开始冻结试验。

⑥ 开始冻结试验,设定控温底板温度至预定冻结温度,保持环境箱和控温顶板温度为 1 ℃,实时采集并记录温度和位移。直至 2 h 内试样高度变化值小于 0.02 mm 时结束冻胀试验。

⑦ 冻胀试验结束后关闭上、下制冷板冷浴,调节环境箱温度至 20 ℃,以模拟冻土在自然环境下融化,实时记录温度和变形量,直至 2 h 内试样高度变化值小于 0.05 mm 时结束试验,拆卸仪器各部件,取出试样,然后进行后续试验。

2.4.3 设备检验

作为模拟土体人工冻融的冻胀融沉试验设备,冻结冷端、冻结暖端及控温环境箱的温度控制精度和稳定性是开展土体冻融试验的先决条件,也是保证土体在不同冻融条件下物理力学特性变化对比分析的先决条件。图 2-4 为冷端温度为-15 ℃时土体冻融过程中的冷端温度、暖端温度和控温环境箱温度的发展和记录情况,可以看出冷端和暖端温度的降低速率较快,控温精准且整个冻融过程中波动较小,说明所改制的冻胀融沉试验设备的控温系统和温度采集记录系统满足试验要求。

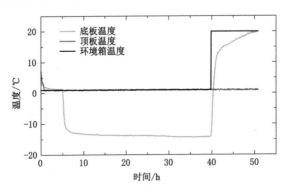

图 2-4 冷端温度-15 ℃时控温板及环境箱温度

图 2-5 为冷端温度为-15 ℃时冻结过程中沿试样高度不同位置处的温度梯度和竖向位移的采集记录曲线,可以看出:在整个冻融过程中不同位置处的温度记录较精确,波动较小;传感器反应灵敏,数据采集连续且有效;竖向位移的采集和记录效果较好,真实反映了冻融过程中土体竖向位移的改变。因此,针对冻胀融沉试验设备的温度控制系统(冷端温度、暖端温度和环境箱温度)、温度测试系统和位移测试系统进行的验证充分表明所改制的冻融融沉试验设备在控温和数据采集与记录方面的性能优良,这为精确且系统地研究软黏土在

不同冻融条件下冻融前、后的微细观变化提供了重要保证。

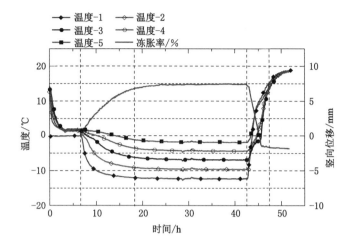

图 2-5　冷端温度－15 ℃时冻融过程中不同位置处的温度梯度和竖向位移曲线

2.4.4　冻融试验方案

本试验采用封闭系统单向恒温冻结,试验土样采用原状软黏土,其物理性能参数及成分见 2.2 节、2.3 节。试样切削成圆柱形,高度为 100 mm,直径为 79.8 mm。冻融试验在改制的冻胀融沉试验系统中进行,详细参数及原理参见 2.2 节。冻融试验系统示意图如图 2-6 所示,包括控温环境箱、试样筒、上下制冷系统、分层温度采集系统和竖向位移采集系统等。每个冻融条件设置 2 组平行试验。

为研究不同冻结条件下试样竖向温度随时间的变化规律,试验时沿高度方向每隔2 cm安设热电偶,实时监测试样内部各点温度。各试验过程环境箱、暖端、冷端的控温方式见表 2-5,不同冻融条件下的试验方案见表 2-6。

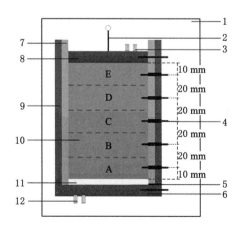

1—控温环境箱;2—位移传感器;3—冷液循环进/出口;4—温度传感器;5—排水口;6—控温底板;
7—试件筒;8—控温顶板;9—保温层;10—试验土样;11—铜质透水板;12—冷液循环进/出口。

图 2-6　冻融试验系统示意图

表 2-5 试验过程温度控制 单位:℃

控制条件	恒温过程	冻结过程	融化过程
环境箱温度	1	1	20
试样筒侧壁	绝热	绝热	绝热
暖端温度	1	1	—
冷端温度	1	-5、-7、-10、-15	—

表 2-6 试验方案

试验编号	冻结冷端温度/℃	温度梯度/(℃/cm)	融化方式
Ⅰ	-5	0.6	
Ⅱ	-7	0.8	自然解冻
Ⅲ	-10	1.1	
Ⅳ	-15	1.6	

2.5 冻胀、融沉特性

2.5.1 冻胀率及融沉系数

土体在单向冻融过程中,试样发生冻胀或融沉,冻胀、融沉变形特性用冻胀率和融沉系数来描述。《土工试验方法标准》(GB/T 50123—2019)给出了冻胀率和融沉系数的计算方法。

冻胀率:

$$\eta = \frac{\Delta h}{H_f} \times 100 \tag{2-2}$$

式中,η 为冻胀率,%;Δh 为冻胀量,mm;H_f 为冻结深度(不包括冻胀量),mm。

融沉系数:

$$\alpha_0 = \frac{\Delta h_0}{h_0} \times 100 \tag{2-3}$$

式中,α_0 为融沉系数,%;Δh_0 为冻土融化下沉量,mm;h_0 为冻土初始高度,mm。

按照上述计算方法,图 2-7 给出了不同冷端温度条件下的冻胀率和融沉系数。可以看出:4 组试验条件下,随着冷端温度的降低,冻胀率和融沉系数逐渐减小。当冷端温度由 -5 ℃降至 -10 ℃过程中,试验土样所经受的温度梯度由 0.6 ℃/cm 增大到 1.1 ℃/cm,这一范围内的冻胀率和融沉系数变化较大。当冷端温度由 -10 ℃降至 -15 ℃过程中,冻胀率和融沉系数略有下降但变化不明显。4 组试验条件下,试验土样的融沉系数均大于冻胀率,这是由于在未施加附加荷载的情况下,原状土体经过一次冻融,冻结过程的水分迁移和冰晶的发展对土体原有结构进行了扰动和损伤。

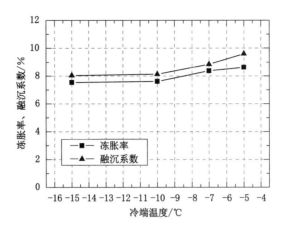

图 2-7　不同冷端温度条件下的冻胀率和融沉系数

2.5.2　冻融过程中温度场变化规律

2.5.2.1　冻结过程中温度场变化规律

对于原状软黏土,在不同冷端温度冻结下,试样竖向各点温度的变化趋势基本相同(图 2-8),包括试样恒温过程和解冻过程,可以划分为恒温阶段、温度降低阶段、温度稳定阶段、温度上升阶段四个阶段。

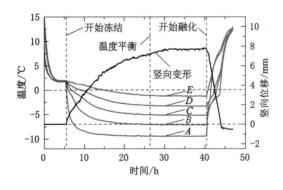

图 2-8　冷端温度－10 ℃时冻融过程中的温度和竖向位移曲线

在此阶段,试样温度由室温在短时间内降至设定的恒温值[(1±0.5) ℃],并保持恒定温度一段时间,此阶段四种条件下基本一样。

(2) 温度降低阶段

冻结开始,随之冷端温度达到设定值,土样温度从正温向负温转变,并且越靠近冷端土体降温越快,沿冻结方向产生温度梯度,这个阶段持续时间比较长。

(3) 温度稳定阶段

当土体温度缓慢降至一定负温时,温度基本稳定并持续一段时间,温度梯度微调并趋于稳定。

(4) 温度上升阶段

温度上升阶段即冻土融化阶段,土体温度上升较快,短时间内达到正温。

如图 2-8 中,A、B、C、D、E 五条曲线分别代表沿土样高度不同位置处土体温度随时间的变化曲线,可以看出:越靠近冷端位置,土样温度变化越明显,且曲线基本平行;降温速率随着与冷端距离增大而降低;土体上部温度随试验时间增长而缓慢降低,并且大部分大于 -1 ℃;由于上部为控温暖端,冷端温度变化对此段土样中的温度场影响较小。

图 2-9 为软黏土土样典型的温度场分布曲线,其展示了不同冷端温度冻结时冻结过程中不同时刻(冻结开始 1 h 和 5 h 时)各层土的温度变化规律。该曲线表明:土样在单向冻结温度场中,随着时间的增加,土样温度随着距冷端距离不同而变化显著,越靠近冷端温度变化越大。冷端温度越低,降温速率越大,各层土的温度下降值也越大。冷端温度为 -5 ℃情况下,在距离冷端 10 mm 处 4 h 内温度下降 2 ℃,而当冷端温度为 -15 ℃时,温度下降了 4.8 ℃,可见冷端温度越低,土体冻结速率成倍增大。在距离冷端 90 mm 处的试样顶端,4 h 内试样温度变化值均小于 1 ℃,且温度始终在 0 ℃ 以上。

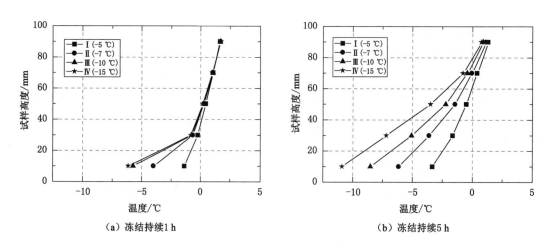

（a）冻结持续 1 h （b）冻结持续 5 h

图 2-9 冻结过程中不同时刻沿试样高度不同位置的温度

由图 2-9 可以看出:在恒温单向冻结过程中,沿冻结方向不同位置处温度不同,其温度分布随着冻结时间的持续而变化,且变化规律与冻结温度场的温度梯度(冷端温度为 -5 ℃、-7 ℃、-10 ℃、-15 ℃,试验原状土土柱高度为 10 cm,则可得对应的轴向温度梯度分别为 0.6 ℃/cm、0.8 ℃/cm、1.1 ℃/cm、1.6 ℃/cm)密切相关。由于上、下控温板与外部冷浴连接,温度恒定,当土体冻结完成时,通过温度监测系统记录各层土体的温度为一恒定值。不同冷端温度条件下冻结完成时的各土层温度具有较好的线性关系,如图 2-10 所示。

由此可见:当冷端温度为 -15 ℃时,温度梯度为 1.6 ℃/cm,冻结完成时冻结锋面处于试样顶端,即在此温度梯度下土样完全冻结。而当冷端温度较高时,冻结锋面将动态稳定于试样上部某一位置,且未冻段的长度随着冷端温度的升高而增大,即土样冻结段长度越短。在其他因素不变的情况下,随着冻结温度梯度的增大,冻结段长度呈线性增大,因为随着冻结锋面由下往上推移,土体中的水结成冰,冰的导热系数远高于水的导热系数,促使外部热量在整个试样上均匀分布。

显然,当冷端温度分别为 -5 ℃ 和 -7 ℃ 时,土样并未完全冻结,参与冻胀一部分的土

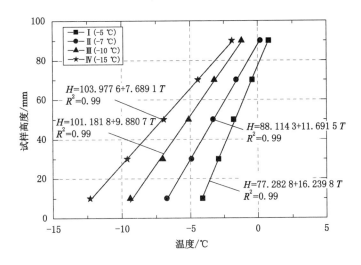

图 2-10 冻结完成时沿试样高度温度分布

样高度小于原试样高度,以温度低于土体起始冻结温度 -0.4 ℃ 作为土样冻结的标准,回归方程见表 2-7,当冷端温度分别为 -5 ℃ 和 -7 ℃ 时,冻结段(温度低于 -0.4 ℃)高度分别为 70.8 mm 和 81.3 mm。

表 2-7 不同冷端温度冻结完成时沿试样不同高度处温度分布拟合

试验编号	冷端温度/℃	回归方程	拟合优度 R^2	冻结段试样高度/mm
I	-5	$H = 16.2398\,T + 77.2828$	0.99	70.8
II	-7	$H = 11.6915\,T + 88.1143$	0.99	81.3
III	-10	$H = 9.8807\,T + 101.1818$	0.99	97.2
IV	-15	$H = 7.6891\,T + 103.9776$	0.99	100.9

2.5.2.2 冻结过程中冻结锋面迁移规律

基于自下而上的单向冻结条件,土样冻结时冻结锋面自下而上迁移。冻结锋面定义为冻结土与未冻土之间可移动的接触界面。假定土层的层状分布变化不大,且在相同时间内提供的冷量均匀,那么冻结锋面是一个平行于冷端界面的平面。土的起始冻结温度被用于判断土体处于冻结状态的起点(土体起初始冻结温度为 -0.4 ℃),即作为确定冻结锋面所在位置的判别依据[170]。

根据上述分析,将不同冷端温度条件下冻结过程中到达某一高度位置处所经历的冻结时间绘制冻结锋面位置随冻结时间的关系,如图 2-11 所示。该图表明:各条件下冻结锋面迁移距离随时间呈对数增长,以下列函数进行拟合:

$$H = a - b\ln(t + c) \tag{2-4}$$

式中,a, b, c 为系数,主要与冷端温度相关。

4 种冷端温度条件下,冻结锋面迁移距离 H 与时间 t 之间的拟合关系见表 2-8。

软黏土冻结锋面在冻结的前 5 h 内发展较快[图 2-11(a)],随后冻结锋面的移动速率降低,冻结锋面逐渐以较小的移动速率向土体上部推进。冻结开始后的前一段时间,温度降低较快,此时冻结锋面推进速率最快,随着冻结锋面逐渐上移,温度变化逐渐减缓。当冻胀变形稳定后,土样温度变化缓慢,此时土样中温度分布基本稳定。另外,4 种冷端温度(温度梯度)条件下,冻结锋面随时间的发展曲线相似,因此可以看出软黏土冻结过程中土体冻结锋面迁移距离与时间符合式(2-4)所示拟合关系。

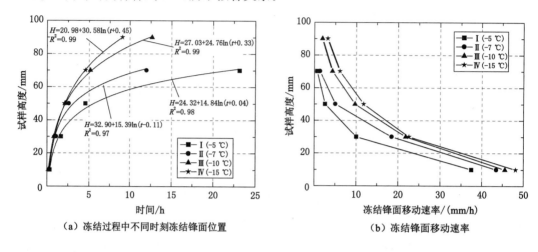

（a）冻结过程中不同时刻冻结锋面位置　　　　（b）冻结锋面移动速率

图 2-11　冻结过程中土体冻结锋面随时间发展曲线

表 2-8　冻结过程中冻结锋面迁移距离与时间的回归方程

试验编号	冷端温度/℃	回归方程	拟合优度 R^2
I	−5	$H=24.32+14.84\ln(t+0.04)$	0.98
II	−7	$H=32.90+15.39\ln(t-0.11)$	0.97
III	−10	$H=27.03+24.76\ln(t+0.33)$	0.99
IV	−15	$H=20.98+30.58\ln(t+0.45)$	0.99

（3）冻结完成时间

土体在单向冻结条件下,不同冻结温度梯度时的冻结完成时间差异较大。当冻结 2 h 内试样高度变化值小于等于 0.02 mm 时结束冻胀试验,即冻结完成时间。不同冷端温度时的冻结完成时间如图 2-12 所示,可见:冷端温度越低,冻结完成得越快,随着冷端温度的升高,冻结完成时间呈指数增长。

$$t = 335.75\,|T_F|^{-1.348} \tag{2-5}$$

式中,t 为冻结阶段所经历的时间,h;T_F 为冻结冷端温度,℃。

冻结完成时间与冻结锋面的推进速度、冻胀率、融沉系数密切相关。对比图 2-7 和图 2-12 可以看出:冻结冷端温度越低,冻结完成时间越短,对应的冻胀率和融沉系数越小,说明较低冷端温度冻结时冻结锋面的推进速率大,冻结过程中未冻土段的水分向冻结锋面迁移时间也越短,由此产生较小的冻胀量和融沉位移。换而言之,以较低的冷端温度冻结时,冻结锋面迁移较快,对土体结构产生的扰动就小。这也证明了在实际人工冻结工程中,在其他条件允许的情况下,采取低温速冻的方式可有效抑制过大冻胀、融沉变形量。

（4）融化过程温度发展规律

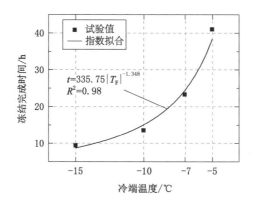

图 2-12　不同冷端温度时的冻结完成时间

图 2-13(a)为冷端温度为 −10 ℃时土体解冻温度、融沉位移随融沉时间的发展曲线,可见在无附加荷载作用条件下,不同冷端温度冻融后的融沉位移变化规律可分为下列三个阶段:

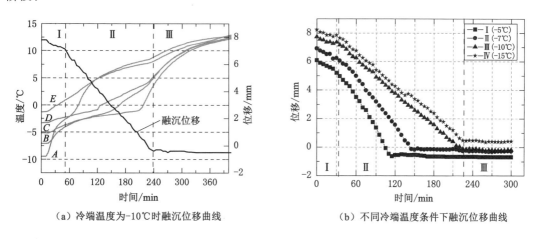

（a）冷端温度为-10℃时融沉位移曲线　　　　（b）不同冷端温度条件下融沉位移曲线

图 2-13　冻结土体融沉位移曲线

① 缓慢融沉阶段——缓慢融沉阶段位于融沉初期,此阶段随着冷端停止持续制冷的供应,外部控温环境箱温度快速从 1 ℃上升至室温 20 ℃,试样上、下两端通过控温板与环境温度发生热交换,试样上、下两端温度逐渐上升至 0 ℃以上,两端冻土融化。试样内部温度逐渐上升,土体内部分冰逐渐发生相变变成水,此阶段融化速度相对较慢,土骨架孔隙中冰水相变导致的体积减小不明显,故此阶段融沉效应相对较弱。

② 快速融沉阶段——随着时间的持续,整个试样温度上升至起始冻结温度以上,土体快速融沉,试样内部温度继续升高至设定的环境室温,土中冰完全融化成水,土中孔隙被水填充,并伴随试样下部的部分水排出,土颗粒结构重组,表现为压密沉降。此阶段土样体积变化较大,试样高度方向位移呈直线变化。4 种冷端温度条件下,冷端温度越低,快速融化阶段所需的时间越长,反之越短。

③ 融沉稳定阶段——土样在自重作用下孔隙压缩,部分水分排出,在没有外荷载作用

下融沉变形稳定。

图 2-13(b)为不同冷端温度条件下已冻土融化时竖向位移随时间变化曲线。可见,4 种冷端温度冻融后,其融沉系数均大于对应的冻胀率,这是由试验所选用的软黏土土性所决定的。软黏土自身含水率较大,土体颗粒较细,在单向冻融条件下,在冻结锋面从冷端向暖端移动过程中土中水分逐渐向冷端方向迁移,而在这个过程中伴随着水分迁移和冰透镜体的形成,发生冻结范围内土体孔隙在水冰相变过程中被扩挤,土体微观孔隙结构发生破坏,微观颗粒在这个过程中发生扰动,冻结土体融化后被扰动的土骨架在冰水相变后体积收缩,造成融化下沉量大于冻胀量。

2.5.3 冻融前、后水分迁移规律

在土、水、气系统中,土体冻结后的水分空间分布特征不同于冻结前,即使是土体冻结过程中某时间间隔之后的分布特征也不同于之前,土体冻结前、后的这一特征称为水分重分布。水分重分布是土体冻结过程中水分迁移的结果,主要表现为土体含水率空间分布变化。这种变化不但会发生在冻结区,而且会发生在非冻土区。

将试样按照既定温度梯度冻融,稳定后取出试样,沿试样高度平均切为 5 层(每层 20 mm),用烘干法分层取样测量土样含水率分布规律,以确定不同条件下的水分迁移量。不同条件下冻融前、后沿试样高度不同位置处的含水率变化规律如图 2-14 所示。

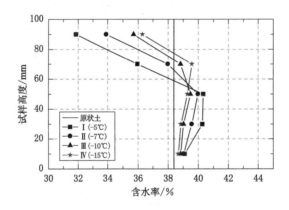

图 2-14 冻融前、后沿试样高度的含水率分布

由图 2-14 可以看出:对于原状软黏土,在其他因素不变的前提下改变冻结冷端温度(温度梯度),不同冷端温度条件下冻融后水分重分布差异非常明显。

① 4 种冻结冷端温度冻融后,与原状土相比,土柱顶部含水率明显降低,试样最上层含水率分别降低 6.5%(冷端温度为 -5 ℃)、4.5%(冷端温度为 -7 ℃)、2.7%(冷端温度为 -10 ℃)和 2.1%(冷端温度为 -15 ℃);土柱中下部含水率增大,且含水率最大的位置出现在试样中间位置,相对于原状土分别增大 2.0%(冷端温度为 -5 ℃)、1.6%(冷端温度为 -7 ℃)、1.1%(冷端温度为 -10 ℃)和 0.9%(冷端温度为 -15 ℃);试样最下部含水率略微增大,但变化值相对较小,相对于原状土分别增大 0.7%(冷端温度为 -5 ℃)、0.6%(冷端温度为 -7 ℃)、0.5%(冷端温度为 -10 ℃)和 0.3%(冷端温度为 -15 ℃)。

② 各温度梯度冻结后含水率变化规律基本一致,沿试样高度的上层土体在 4 种温度梯

度冻结后平均含水率均减小,且温度梯度越小含水率变化值越大;试样下部 3 层土体中,4 种温度梯度冻融后含水率均增大,且温度梯度越大含水率变化越小。

由于温度梯度与冻结速率成正比,所以为了更直观地表示温度对土冻结过程的影响,常以冻结速率的变化来反映温度场变化。水分迁移量与冻结锋面推进速率有直接关系,而冻结锋面推进的速率取决于冻结速率(图 2-12)。冻结速率大时,冻结锋面处原位水分冻结快,冻结锋面相对稳定,时间变短,迁移过来的水分难以维持相变所需的量,为了维持相变界面的能量和物质平衡,冻结锋面推进加快,以达到新的平衡。水分迁移时间短,迁移量也相对较小。冻结速率小时,冻结锋面推进缓慢,相对维持稳定时间长,水分有足够的时间向冻结锋面迁移,所以水分迁移量和相变量增大。因此土质和初始含水率一定时,水分迁移的强度主要取决于冻结速率。

当土样进行单向冻结时,由于试样由下往上降温需要一定时间,冻结锋面存在于中部的时间变长,试样中水分有足够的时间进行迁移,相对于试样底部,中部含水率增加明显,且随着冻结锋面往上迁移,迁移速率降低,特别是当冻结温度梯度较小时,水分迁移更为明显,上部含水率降低且变化量较大。

2.6　软黏土冻融前、后的压缩特性

2.6.1　试验方法

冻结法施工时,软黏土冻融前、后压缩性关系到加固地层的融沉。其他条件相同时,孔隙特性是影响压缩性的最主要因素,其次是结构性。而人工冻土融化后其孔隙特性发生变化,结构性也发生变化,压缩性必然发生变化[9]。

试验根据《土工试验方法标准》(GB/T 50123—2019),取未施加荷载单向冻融试验之后的试样进行压缩试验,以研究其融土固结特性和压缩指标变化情况。为更直观地研究冻融后沿冻结方向(试样高度)不同位置处压缩特性的变化情况,将冻融后的试验土样沿高度方向平分为 3 层,分别取样进行压缩试验,取样位置如图 2-15 所示。由于冻融过程中试样沿冻结方向温度差异及冻结锋面迁移的不同,以及冻融后沿高度方向水分重分布的差异较大,必然会对沿试样高度不同位置处土样的压缩特性产生不同影响。

按照压缩试验步骤,分别对 4 种冷端温度冻结后的试样取样进行融后压缩试验,取样时尽量避免扰动,从冻融土柱中切取压缩试样时,应尽量避开冻融试验温度传感器插入的位置,且尽量靠近试样中心部位。

2.6.2　压缩试验结果分析

(1) 不同冻融条件下冻融前、后土的压缩特性

在压缩过程中,随着压力增大,土样孔隙比不断减小,密实度不断提高,越来越难压密。4 种冷端温度条件下冻融前、后沿试样高度不同位置处的 e-lg p 关系曲线如图 2-16 所示。从图中可以看出:4 种冷端温度条件下冻融后沿试样高度不同位置处的土样的压缩特性表现出较大的差异性。对于原状软黏土,4 组压缩试验 e-lg p 关系曲线基本一致,原状软黏土初始孔隙比 e_0 为 1.18,逐级加载至 800 kPa 压缩稳定后,孔隙比变为 0.75,与初始孔隙比相

比减小 36%,说明对于原状软黏土而言,其压缩性相对较高。

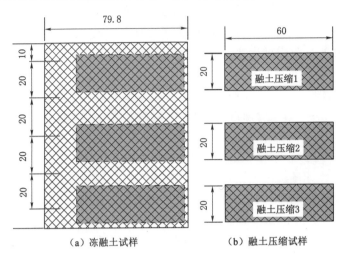

(a) 冻融土试样　　　　　(b) 融土压缩试样

图 2-15　试样冻融后取样进行固结试验示意图(单位:mm)

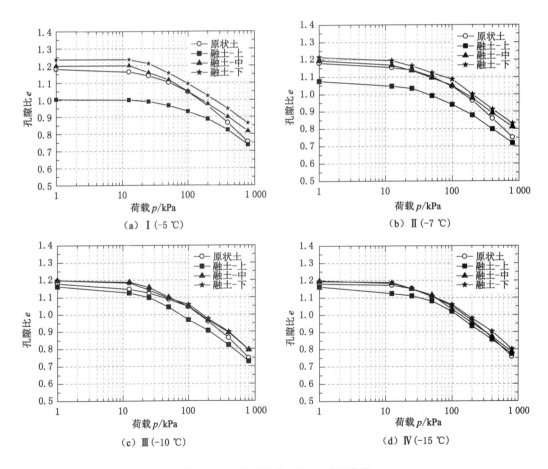

(a) Ⅰ(-5 ℃)　　　　　(b) Ⅱ(-7 ℃)

(c) Ⅲ(-10 ℃)　　　　　(d) Ⅳ(-15 ℃)

图 2-16　土体冻融前、后 e-p 关系曲线

冷端温度－5 ℃时冻融后沿试样高度方向从上到下不同位置处的土样初始孔隙比分别为 1.00、1.20、1.24,逐级加载至 800 kPa 压缩稳定后,孔隙比分别减小 27％、30％、32％;同样,冷端温度为－7 ℃时冻融后沿试样高度方向从上到下不同位置处土样压缩后孔隙比分别减小 32％、32％、33％;冷端温度为－10 ℃时冻融后沿试样高度方向从上到下不同位置处土样压缩后孔隙比分别减小 33％、34％、34％;冷端温度为－15 ℃时冻融后沿试样高度方向从上到下不同位置处土样压缩后孔隙比分别减小 33％、34％、34％。

可见,冻融后的土样与原状土相比,其孔隙比的变化量略小,当冷端温度为－5 ℃时,试样最上层的土样孔隙比变化值最小,说明冻融作用使得软黏土的压缩性产生了不同程度的改变,而这种改变程度与冻结冷端温度和距冷端的距离密切相关。

（2）冻融后不同高度处土的压缩特性

如前所述,工程中常用 100 kPa 到 200 kPa 的孔隙比的变化率作为土体的压缩系数来评价土体的压缩特性。4 种冷端温度条件下冻融后沿试样高度不同位置处的土样压缩系数如图 2-17 所示。

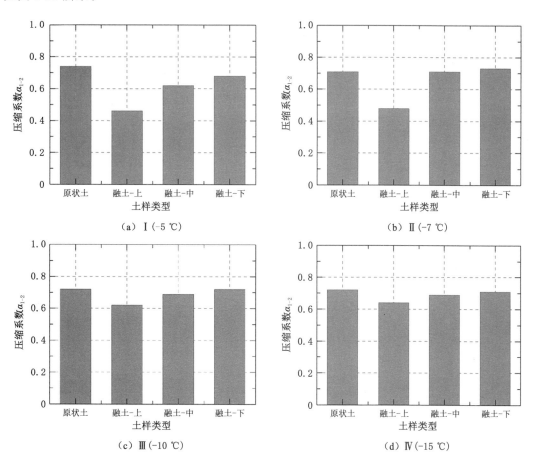

图 2-17　冻融前、后的土体压缩系数 α_{1-2}

整体来看,4 组试验原状土样的压缩系数为 0.7,而不同条件下冻融后的土样压缩系数表现出一定的差异性。4 种冷端温度条件下冻融后土样的压缩系数均降低,但变化量不同,表现为冷端温度越高,越靠近试样上部的土样压缩系数越小,与冻融前原状土相比变化量越大。4 种冷端温度条件下,从 $-5\ ℃$ 到 $-15\ ℃$ 试样最上端土样的压缩系数与原状土相比分别降低 38、32%、14%、11%,可见冷端温度 $-5\ ℃$ 时土样最上层的土体压缩系数变化最大。沿冻融试样中部土样 4 种冷端温度条件下的压缩系数与原状土相比分别降低 13%、4%、4%、4%;沿冻融试样下部土样 4 种冷端温度条件下的压缩系数与原状土相比分别降低 4%、1%、0%、1%。可以看出:冻融试样中下部的压缩系数与原状土相比虽有降低,但变化量相对较小。

(3) 压缩指数变化规律

根据图 2-16 所示土体的 $e\text{-lg}\ p$ 关系曲线可以看出:各状态下的土样的 $e\text{-lg}\ p$ 曲线上压力在 100 kPa 到 800 kPa 范围内接近直线,可以取直线段的斜率作为各状态下土样的压缩指数。

图 2-18 为 4 种冷端温度冻融后沿试样高度不同位置处的土体压缩指数分布。从图 2-18 可以看出:4 组试验冻融前原状土的压缩指数为 0.33,各条件下冻融后土体的压缩指数发生了不同程度减小。其中冷端温度越高,越靠近试样上端的土体压缩指数越小,与原状土相比变化量越大,这与压缩系数的变化规律一致。冷端温度为 $-5\ ℃$ 时冻融后沿试样高度从上到下的压缩指数与原状土相比分别减小 33%、21%、21%;冷端温度为 $-7\ ℃$ 时冻融后沿试样高度从上到下的压缩指数与原状土相比分别减小 27%、21%、15%;冷端温度为 $-10\ ℃$ 时冻融后沿试样高度从上到下的压缩指数与原状土相比分别减小 21%、15%、12%;冷端温度为 $-15\ ℃$ 时冻融后沿试样高度从上到下的压缩指数与原状土相比分别减小 18%、18%、15%。从不同状态下冻融后土体的压缩指数变化情况可以看出:冷端温度为 $-5\ ℃$ 时冻融后试样最上端的土体压缩指数变化最为明显。整体来看,冻融后的压缩指数变化规律基本与压缩系数的变化规律一致。

2.6.3　水分重分布和土体结构变化

(1) 冻融前、后的干密度和孔隙比变化

根据上述试验数据,可获得不同冷端温度条件下冻融后沿试样高度不同位置处的孔隙比和干密度分布,可以更直观地显现不同冷端温度条件下距冷端不同距离的土体冻融后土体结构的变化情况。根据压缩试验要求,试样取环刀高度,为 20 mm,对冻融后的试样沿试样高度平分为 3 段,每段取一土样测其孔隙比和干密度。图 2-19 为 4 种冷端温度条件下冻融后沿试样高度不同位置处的孔隙比和干密度的分布情况,可以看出:整体上 4 种冷端温度条件下冻融后与原状土相比试样上部的孔隙比减小,中下部的孔隙比增大;干密度的分布与孔隙比正好相反,即冻融后试样上部的干密度增大,而试样中下部的干密度减小;这说明冻融后试样上部变得更密实,而试样中下部的密实度减小。

4 种冷端温度条件下冻融后沿试样高度不同位置处的孔隙比和干密度变化具有差异性,如图 2-19(a)所示 4 种冷端温度条件下,试样上部冷端温度越高,孔隙比越小,即冻融后孔隙比变化量越大;而对于试样下部,冷端温度越高,孔隙比越大,即冻融后孔隙比变化量越大;对于试样中部,4 种冷端温度冻融后孔隙比差异较小。说明冻融冷端温度越高,冻融对沿试样高度土体结构的扰动和改变程度越大。如图 2-19(b)所示,4 种冷端温度条件下冻融后沿试样高度不同位置处的干密度变化规律与孔隙比变化规律正好相反。说明冷端温度越

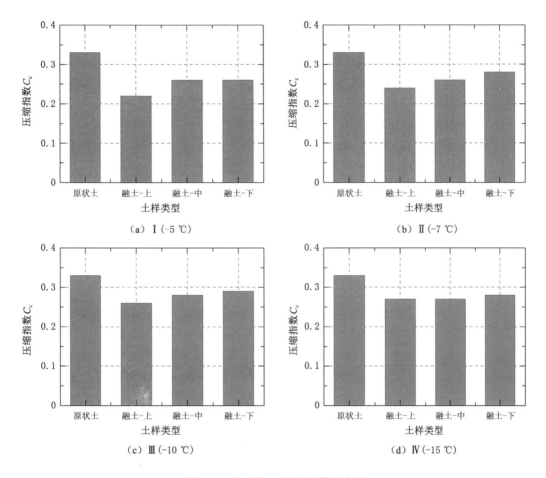

（a）Ⅰ（-5 ℃）　　　　　　　　　　（b）Ⅱ（-7 ℃）

（c）Ⅲ（-10 ℃）　　　　　　　　　　（d）Ⅳ（-15 ℃）

图 2-18　冻融前、后压缩指数分布图

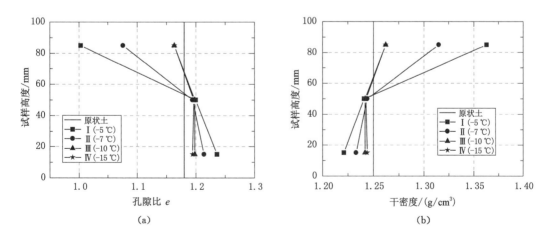

（a）　　　　　　　　　　　　　（b）

图 2-19　冻融后土样的孔隙比和干密度分布图

低,冻融作用对土体结构的扰动程度越低;冷端温度越高,冻融后试样上部和下部的密实度变化程度越明显。

（2）水分重分布和土体结构改变

在封闭系统条件下对软黏土进行单向冻融试验,在冻结锋面附近存在负孔隙水压力,即吸力,会引起水分迁移并致使冻融后土体内水分重分布,并且在这个过程中会扰动土骨架使土样变得不均匀。通过前述对不同冷端温度冻结条件下冻融后软黏土沿试样高度不同位置取样测试其含水率、孔隙比和干密度,并与冻融前相应高度位置处的值进行比较,可得图 2-20 所示 4 种条件下冻融后沿试样高度不同位置处的含水率、孔隙比和干密度的变化情况。计算时取冻融后各土层的值与对应高度处原状土含水率之差;孔隙比和干密度以变化率的形式表示,即以冻融后的变化值除以原状土对应位置处的值。

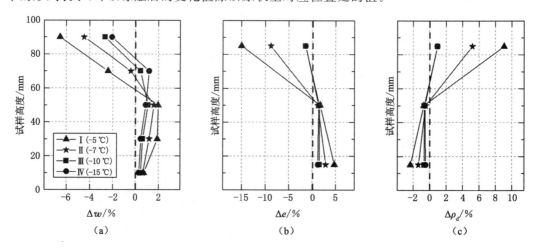

图 2-20　4 种冷端温度冻融后不同位置处含水率、孔隙比和干密度变化

从图 2-20 可以看出:4 种冷端温度冻融条件下冻融后试样上端含水率均减小,下端的含水率呈增大趋势,并且最上层试样含水率减小量最大,试样中部位置的含水率增大量最大。在试样最上端靠近冻融暖端位置处,冷端温度为 −15 ℃ 条件下含水率减小 2%,而当冷端温度上升至 −5 ℃ 时,含水率减小 7%。而含水率增大量最大的位置出现在试样中部不同位置,4 种条件下含水率增大 1%～2%,与含水率减小量最大值相比略小。软黏土冻融后含水率的变化也表明水分从暖端位置向冷端位置迁移的方向和强度与冷端温度密切相关,冷端温度越低,这种水分迁移的强度越低。

封闭系统条件下单向冻融使土体内部水分从暖端向冷端迁移,而水分迁移和冻结锋面推移过程中对土骨架结构产生扰动,这种对土体的破坏程度可以通过冻融后土体孔隙比和干密度的定量变化来表示。如图 2-20 所示 4 种冷端温度条件下冻融后沿试样高度不同位置处的孔隙率和干密度变化分布情况,冻融过程的水分迁移使试样上部 1/3 段的含水率降低而导致土体密实,即孔隙比减小而干密度增大;而土体下部 2/3 范围内由于水分迁移含水率增大,使土体产生相对松散的趋势,即孔隙比增大而干密度减小。在试样上部,4 种冷端温度条件下当冷端温度为 −15 ℃ 和 −10 ℃ 时孔隙比减小 2%,当冷端温度为 −5 ℃ 情况下,孔隙比减小 15%;干密度的增大量也从冷端温度为 −15 ℃ 和 10 ℃ 时的 1% 增大到冷端温度为 −5 ℃ 时的 9%。同样的,试样下部孔隙比增大量从冷端温度 −15 ℃ 的 1% 变化到 −5 ℃ 的 5%,而干密度减小量也从冷端温度 −15 ℃ 的 0.5% 变化到 −5 ℃ 的 2.2%。

2.7　本章小结

本章结合宁波地区典型海相软黏土工程性质的物理力学指标试验分析,对试验原状软黏土粒度、热物理指标、基本物理力学特性指标、冻融及压缩特性等进行分析,研究了不同冷端温度条件下原状软黏土的冻融及压缩的变化机制,获得如下主要结论:

(1) 根据本章对人工冻融软黏土微细观结构特性的研究,改制一套能够满足模拟单向冻融的基于温度梯度控制的冻胀融沉设备,该设备控温精确,满足冻融过程温度场及位移场的发展规律记录和采集。

(2) 宁波地区典型海相软黏土具有天然含水率大、天然孔隙比大、压缩性大、抗剪强度低、固结系数小、固结时间长、灵敏度高、扰动性大、透水性差等特点,针对试验所选土层,其土体分布较均匀。

(3) 采用 4 种冷端温度(−5 ℃、−7 ℃、−10 ℃、−15 ℃)条件下封闭系统单向冻融试验,对原状软黏土的冻融特性进行了研究,对不同条件下原状软黏土的冻胀融沉特性、冻融过程的温度场、位移场和水分迁移规律进行分析,得出 4 组试验条件下,随着冷端温度降低,冻胀率及融沉系数逐渐减小,且冻胀量小于融沉量。

(4) 通过比较 4 种冷端温度条件下冻融过程的温度场发展规律得出结论:不同冷端温度冻融时沿试样高度不同位置处的温度发展情况差异较大,冷端温度越低,冻结完成时间越短,冻结深度越深。由冻结锋面的发展规律可知:冷端温度越低,冻结锋面推移速率越大,冻结完成时冻结锋面所处位置距离冷端越远。

(5) 4 种冷端温度条件下冻融后沿试样高度方向水分重分布差异明显,冻融后沿试样高度方向表现为试样上端含水率降低,试样下部含水率增大,冷端温度越高,水分迁移趋势越明显。冷端温度为−5 ℃时水分迁移量最大,此时试样上部含水率从38.4%减小到31.9%。

(6) 4 种冷端温度条件下冻融后沿试样高度不同位置处土体压缩系数和压缩指数均降低,且沿试样高度方向试样最上端压缩系数和压缩指数最小,即冻融后变化量最大;冷端温度越高,沿试样高度不同位置处的压缩系数和压缩指数变化越明显。冷端温度−5 ℃时试样最上端压缩系数和压缩指数变化量最大。

(7) 原状软黏土冻融后沿试样高度方向含水率、孔隙比和干密度变化情况为:试样上部含水率减小,下部含水率增大;试样上部孔隙比减小,下部孔隙比增大;试样上部干密度增大,下部干密度减小。

第3章　基于 X-CT 的人工冻融软黏土融沉变形细观特性研究

3.1　引言

软黏土人工冻融后各相成分、水分空间分布状态及孔隙形态发生改变,细观尺度上表现为内部结构的改变。原状软黏土经人工冻融后,其内部细观结构改变后的非均匀性,决定了冻融后土体的物理、热学及力学性质在空间中分布的非连续性,最终导致宏观力学行为非线性。因此,冻融过程对软黏土内部结构的改变对宏观表现起决定性作用,软黏土内部细观结构特征是影响其冻融特性的主要因素。

在对人工冻融软黏土冻融特性研究中,获取不同冻融条件下冻融前、后试样内部的图像并对其进行分析是主要研究手段。CT(computed tomography,计算机断层成像)扫描技术可以无扰动、多方位、无损伤获得各种环境作用下的土体内部结构变化图像,并直接观察土体内部变化情况,使研究土体冻融前、后细观结构的特性成为可能。通过 CT 扫描试验所得到的 CT 图像通过射线穿透不同物质的衰减强度变化反映为 CT 图像灰色度和颜色的改变,最终表现为土体内部各相成分及其密实度的分布情况,据此可以借助 CT 扫描技术研究土体冻融前、后细观结构改变和试验土样冻融前、后结构形态的改变及沿冻结方向不同位置各相组分分布情况。

本章采用三维 X 射线 CT 断层扫描及层析技术(3D X-CT),进行不同冻结条件下软黏土细观结构的 CT 扫描,获得冻融前、后土样内部结构 CT 图像,并运用三维重构软件,获得三维 CT 数字模型,观察土样在不同冻结条件下结构形态、各相介质分布及内部细观结构的变化情况,为正确表征土体冻融前、后的结构形态变化以及建立土体内部真实的细观结构定量分析模型提供基础图像资料,为研究土体冻融特性提供依据。

3.2　人工冻融软黏土 CT 扫描试验系统

工业 CT(industrial computerized tomography)是指应用于工业的核成像技术,依据射线在被检测物体中的减弱和吸收特性,能在对检测物体不产生损伤条件下以二维断层图像或三维立体图像的形式,清晰、准确、直观地显示被检测物体的内部结构、组成、材质及缺损状况。CT 识别技术是将被检测三维物体中的所检测二维扫描层面单独成像,避免受三维物体中其余部分的干扰和影响,从而提高图像质量,更加清晰并准确地展示被检测物体的内部结构的位置形态关系、物质组成及其损伤缺陷情况[171]。

3.2.1　三维 X-CT 分析工作原理

（1）CT 扫描原理

CT 扫描设备主要由放射源和探测器组成,其中放射源所发出的 X 射线可以穿透任何非金属材料,不同非金属材料对相同波长的 X 射线的吸收能力也不同。当 CT 射线源所发出的 X 射线穿透被检测物体时,X 射线的强度由于 X 射线被物体吸收而衰减,其衰减遵循如下方程[171]:

$$I = I_0 e^{-\mu x} = I_0 e^{-\mu_m \rho x} = \int_0^{E_{max}} I_0(E) e^{-\int_0^d \mu(E) ds} dE \tag{3-1}$$

式中,I_0 和 I 分别为 X 射线穿透被检测物质前、后的强度,$eV/(m^2 \cdot s)$;μ_m 为被测物体的单位质量吸收系数,cm^2/g;ρ 为被测物体密度,g/cm^3;x 为 X 射线穿透长度,cm。

（2）CT 图像的形成

工业 CT 通常采用锥形 X 线束,X 射线被准直为圆锥形,被检测物体置于该锥形束扫描覆盖范围内,即试样被锥形束"罩住",试样旋转一周后得到该区域内所有断层图像,以获得真正各向同性的容积图像,提高空间分辨率和射线利用率,并且在采集相同 3D 图像时速度远快于扇形束 CT[172]。图 3-1 为工业 CT 扫描与成像系统示意图,扫描时样品在 X 射线球管和探测器之间自旋,扫描速度相对较快,射线剂量大,空间分辨率高。

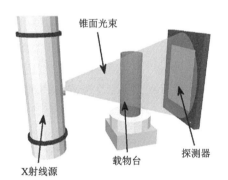
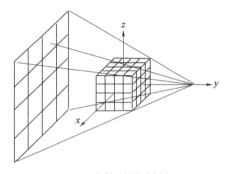

（a）X-CT工作原理图　　　　　　　　（b）X-CT扫描试样体素划分

（c）X射线源　　　　　　　　　　　（d）X-CT探测器

图 3-1　X-CT 扫描与成像系统示意图

（3）测试要求及设备

本书所涉及 X-CT 扫描试验均在东南大学江苏省土木工程材料重点实验室完成，采用 Y. CT precision S 型 X-Ray CT 扫描系统（工业用 CT 系统），其技术指标见表 3-1。

表 3-1　Y. CT precision S 型 X-Ray CT 性能指标

指标		参数或性能
样品尺寸	外径/mm	≤140
	有效扫描高度/mm	200
	样品净重/kg	≤60
操作模式	断层扫描（CT）	三维扫描（锥束扫描）
	数字成像（DR）	
扫描时间	断层扫描（CT）/min	10～30
	数字成像（DR）/（桢/s）	≤75
最大管功率/W		320
高压/kV		10～225
管头电流/mA		0.01～3.0
像素数量/pixel		$1\ 024^2$

CT 扫描通常对试样的状态没有太苛刻的要求，只要试样尺寸在扫描要求的尺寸范围之内即可，扫描过程中试样的状态和形态不发生明显的改变就能获得高清 CT 图像。因此，针对扫描前、后的冻融土样，均能满足 CT 扫描的试样要求。但值得注意的是，由于采用锥束形 X 射线，样品尺寸与所获得的 CT 图像的分辨率成反比，即在控制范围内样品尺寸越大，其所获得的 CT 图像分辨率越低。所选用的 Y. CT precision S 型 X-Ray CT 扫描系统样品要求及相关指标见表 3-2。

表 3-2　样品要求及相关指标

技术指标		参数值
样品尺寸	外径/mm	≤140
	有效扫描高度/mm	≤200
样品净重/kg		≤60
放大倍率		1.6～200

（4）三维 CT 可视化软件及分析方法

使用三维重建专业软件 VG Studio MAX 对扫描获得的试验土样 CT 扫描数据进行三维数据模型重建，并进行数据提取和分析，运用到的软件模块主要包括[173]：

① 三维数据重构与显示。利用 VG Studio MAX 对试验土样 CT 扫描数据创建一个三维体积模型，并可实现空间移动、旋转、放大、缩小、解剖，在不同的断层位置都可以形成切剖后新的三维模型，实现实时三维图像可视化。

② 三维测量。平面、空间的尺寸测量包括内部间隙、厚度、体积、面积。可通过颜色的

变化表示测量值,使检测更直观、方便。

③ 缺陷检测和分析。通过密度测量发现内部缺陷(孔隙、孔洞、损伤区等)。采用透明或半透明的方式展示缺陷的位置,并以不同颜色表征缺陷的大小。将全部缺陷在试样中的三维空间分布情况进行清晰展示。

④ 数据比较。三维重建后的结果可与原数据或扰动前的试样数据进行三维比较,得到数值或空间位置上的差异,并在试样相对应的部位施以不同颜色来表征差异。

⑤ 可以对点或线的位置进行测量和定位,并可以测量灰度值。可以定义平面,对平面进行测量,同时进行属性分析,包括灰度值和像素值的统计,得到面积、平均值、偏差值等。

⑥ 生成三维内外表面网格数据,输出 STL、VRML 等标准格式的数据文件,以便直接导入通用的 CAD、CAM 和有限元分析软件及快速成型机中。

3.2.2 试验条件和扫描过程

(1) 土样制备

本次 CT 扫描试验土样为上述冻融试验所用的土样。将现场所取的原状软黏土进行切削,制成高度为 100 mm、直径为 79.8 mm 的圆柱形土样。切削完成的土样装入特制的冻融试验有机玻璃试样筒,以避免对其扰动。在各次冻融试验前、后分别进行一次 CT 扫描。

(2) 试验内容及试验过程

对带有试样筒的试样在冻融前、后各进行一次 CT 扫描,试样正放于旋转载物台上,扫描电压设置为 195 kV,扫描电流为 0.36 mA,扫描分析时间为 750 ms。使用工业管产生 X 射线作为锥形光束,整个扫描过程样品共旋转 360°,每旋转一定角度完成一次成像,投影数目为 1 024 张,扫描土样横、纵断面分别生产 1 024 张图像,每层间隔 0.11 mm,统计时选取其中具有代表性的图像。

试验土样经过 CT 扫描并三维重构后,每一个 CT 三维图像体素对应体积为 0.001 2 mm³ 的土样素。通过 V G Studio MAX 2.2 三维可视化软件,利用各体素 CT 图像灰度值(CT 强度值,用 CTI 表示),对其进行三维数字模型重构。图 3-2 为试样 CT 扫描三维重构模型及其横、纵截面 CT 切片图像。

CT 图像由各体素构成,每个体素对应一个确定的 CTI 值,可以得到所有扫描图像的统计 CTI 直方图,其横坐标表示 CTI 等级,纵坐标是该 CTI 值出现的频率(体素个数)。图 3-3 为试验土样典型的横截面 CT 图像 CTI 分布直方图,可以看出:软黏土横截面 CT 图像 CTI 呈单峰分布,主要分布在 600～850 范围内,峰值出现在 700 附近。

3.2.3 CT 图像的特征分析

(1) 原状软黏土 CT 图像特征

CT 图像的实质是由与土体密度有关的 X 射线衰减强度形成的数字矩阵灰度图像。土样内各相介质的密度变化通过 CTI 的变化来反映,最终表现为 CT 图像灰色度的改变。CT 图像的重要性在于可以更直接将细观结构与土体宏观力学性质相联系[171]。

原状土 CT 切片图像结构如图 3-4 所示,可以看出:CT 图像是体素点的 CT 数按矩阵排列组成,在图像中显示为由黑到白具有不同灰度的体素点,反映各体素对 X 射线的吸收系数。CT 图像以不同的 CTI 数来反映物质对 X 射线的吸收程度。因此,与 X 射线图像所

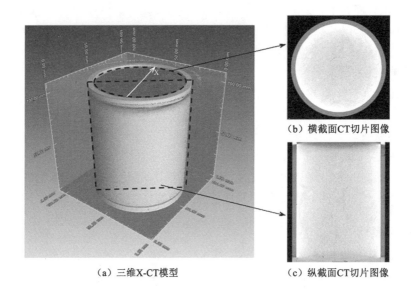

（a）三维X-CT模型   （b）横截面CT切片图像

（c）纵截面CT切片图像

图 3-2   试样 CT 扫描三维重构模型及其横、纵截面 CT 切片图像

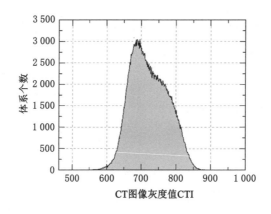

图 3-3   试验土样典型的横截面 CT 图像 CTI 分布直方图

示的黑白影像一样：黑影表示低吸收区，即低密度区，如孔隙、裂隙等；白影表示高吸收区，即高密度区，如土颗粒。X 射线 CT 图像突出优点是其密度分辨力较强。CT 图像中每一像素点对应特定的 CTI 数，在扫描图像上表现为从黑到白不同的灰度值，每个体素点都有相对应的灰度值。被测层面内物质密度越大，CTI 数值就越大，在 CT 图像上就越亮，灰度值越大。反之，亮度就越低，灰度值越小。因此，在土体 CT 扫描图像中，不同密度的介质，如水、孔隙和颗粒，有不同的 CTI 数值，在图像中表现为灰度值的不同。在土体 CT 图像中，黑色区域代表的是低密度区，白色区域代表的是高密度区。岩石矿物颗粒的密度最大，相应的 CTI 数最大，在图像中显示为灰白色或白色；裂隙、孔隙的密度小，CTI 数也小，在图像中显示为黑色。CT 识别技术的密度分辨力较强，很好地显示软黏土内部细观结构和各相组分分布情况[171]。

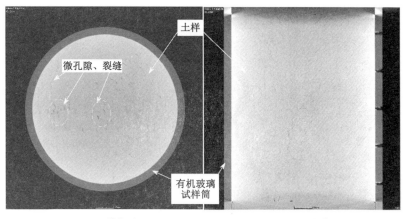

（a）横截面　　　　　　　　　　（b）纵截面

图 3-4　原状土 CT 切片图像结构

从图 3-4 可以看出：原状软黏土 CT 扫描图像较清晰，土中内部颜色较浅部分为试验土样，外部颜色稍深处为有机玻璃试样筒。观察试验土样，CT 图像灰度较均匀，由于黏土颗粒较小且土骨架和孔隙中的水为整体构造，不能明显区分水和土颗粒。但 CT 识别技术具有高分辨率，能够用肉眼清晰观察土中的微孔隙和微裂缝等，并且能看清其走向，说明 CT 图像能够有效地被用以观察软黏土细观结构。

（2）冻融前、后 CT 图像特征

分别对 4 种不同冷端温度（−5 ℃、−7 ℃、−10 ℃、−15 ℃）冻融前、后的软黏土试样进行 X-CT 扫描，并获得其 3D 图像，测量土样整体结构形态和孔隙结构形状的变化情况，能够精确测量其尺寸变化。图 3-5（a）和图 3-5（b）分别为冻融试验前的原状土样纵截面和横截面 CT 图像，图 3-5（c）和图 3-5（d）分别为冷端温度为 −5 ℃（冻融试验Ⅰ）冻融后土样的纵截面和横截面 CT 图像。如前所述，外圈灰度稍深的为有机玻璃试样筒；在土样内部，浅色代表土颗粒，深色代表孔隙或密度低的物质。CT 图像非常有效地揭示了软黏土内的微小裂隙。这些裂隙可能是由于土层沉积在自然状态下地层中已经存在，也可能是取样过程中随着上覆土层压力的释放土体回弹所致。通过对比冻融前、后土样的纵截面和横截面 CT 图像，可以看出冻融后裂隙明显减少。冻融后土样上部的裂隙几乎看不出来，表明试样上部变得更加密实，密度增大。

图 3-5 还分别给出了冻融前、后纵截面 CT 图像局部放大图，并通过调整图像对比度，使其能够更清晰展现土样细观裂隙的细节。明显可见土样冻融前裂隙分布杂乱，且走向随机，冻融后裂隙主要以水平走向为主。其原因是：软黏土在单向冻融条件下，冻融过程中水分逐渐向冷端迁移，在冻结锋面移动过程中，形成水平向的冰透镜体，使得原本杂乱的裂隙变得有序。这种软黏土细观结构的改变，能够有效解释冻融后黏土中水平向渗透系数较冻融前增大 2 个数量级现象[174]。

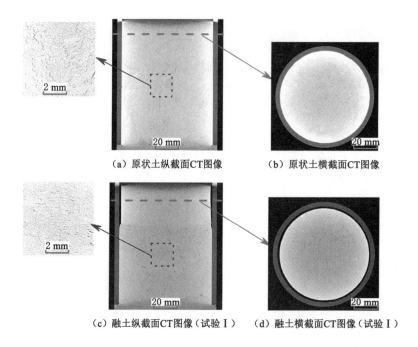

（a）原状土纵截面CT图像　　　（b）原状土横截面CT图像

（c）融土纵截面CT图像（试验Ⅰ）　（d）融土横截面CT图像（试验Ⅰ）

图 3-5　冻融前、后土样 CT 图像

3.3　软黏土人工冻融颈缩现象分析

3.3.1　冻结过程中的固结现象

冻融使土体力学性质改变的机理最广为接受的解释由 E. J. Chamberlain 等[55]首先提出,如图 3-6 所示。假设一细粒土正常固结到达 a 点,此时外加荷载保持不变,试样一端施加冷源,另一端能够自由接触水源,在冻结过程中较大的负孔隙水压力使冻结锋面附近土的有效应力立即增大 σ'。随着冻结锋面的延伸,分凝冰可将连续的土样分层。由于分凝冰层与冻结锋面共同作用,总体而言,整个土样受到较高的有效应力固结到达 b'。而当土体融化时,土样中有效应力路径为 b' 到 c,而不是回到 a 点,于是 $\Delta e(a \rightarrow c)$ 就是冻结过程中超固结有效应力造成的孔隙比差。在此过程中总应力保持不变,因此总应力路径为 $a \rightarrow b \rightarrow c$[175]。N. R. Morgenstern[176]也曾提出相似的机理,被广泛引用,有的研究也证实了这一点,如冻结初期土体的体积不是增大而是减小[165,177],是负孔隙水压力造成有效应力增大所导致,但是只能在正常固结或弱固结土中产生。

图 3-7 给出了人工地层冻结过程中温度、水分及应力场发展的示意图。冻结管中冷液循环,不断供给冷源,此时冻结过程开始,冻结管周围土层开始冻结。随着冻结过程的持续,冻结锋面从冻结管逐渐向外扩展。以冻结管正上方为例,冻结锋面逐渐向上推移,冻结缘附近产生强大的吸力使得上部未冻区域的孔隙水向冻结缘方向迁移。冻结锋面的移动速率受冻结冷端温度(即冻结温度梯度)的限制,并且在未冻区产生的负压随着距冻结缘距离的增大而减小。由于软黏土渗透性极低和达到冻结平衡的时间相对较短,存在一个负压区,在此

区域内水分向冻结缘方向迁移的量远比外部未冻区向此区域内迁移的量大得多,使得此区域内负孔压较大。土骨架在负孔压作用下,冻结过程中有潜在的体积收缩区域。

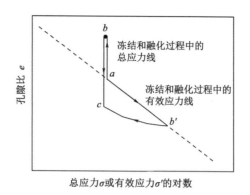

图 3-6　冻融过程中土的应力路径分析[55]

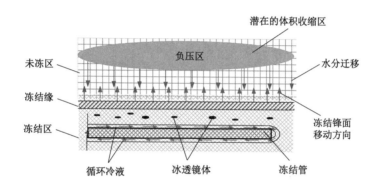

图 3-7　人工冻结法冻结过程机理示意图

3.3.2　不同冻结条件下的冻融颈缩现象

（1）冻融前、后土样结构形态变化

冻融试验时将土样切削成直径为 79.8 mm、高度为 100 mm 的圆柱状,使其与试样筒内壁贴合,并进行封闭系统单向冻融试验。通过观察冻融试验后的土样,发现其上部一定范围内发生明显的径向收缩,其直径较下部明显减小,如图 3-8 所示。针对本书所进行的多组冻融试验前、后的土样对比,发现冻融后土样上部均出现了不同程度的径向收缩。分析可知:软黏土在单向冻融试验条件下,试样下部为冻结冷端,冻结过程中冻结锋面从试样下部逐渐向上推移,在此过程中试样上部未冻区的孔隙水向下方冻结缘迁移。根据上述分析,该动态过程中试样上部存在负压区,在负孔隙水压力作用下,试样上部必然产生应变。冻结过程中的水分迁移量与冻结锋面的推进速率成正比,而冻结锋面的迁移速率又依赖冻结过程中试样所受温度梯度,即冷端温度。因此,定量研究不同冷端温度条件下冻融后试样上部产生的径向颈缩现象,能够对冻融过程中土样不同位置处的应力、应变变化的机理更有力解释。

明显的颈缩区域

（a）冻融前 　　　　　　　　　（b）冻融后

图 3-8　冻融前、后土样

（2）冻融颈缩现象的 CT 定量观测

上述冻融后试样上部靠近暖端处出现的径向收缩称为冻融颈缩现象。图 3-9 为 4 种冷端温度条件下对应的冻融后土样的 CT 扫描轴向纵截面图像，利用 V G Studio MAX 软件缺陷分析模块对三维 CT 模型颈缩段进行量测，可准确获得不同冷端温度条件下冻融后土样的最终高度、颈缩段深度和轴向颈缩量。4 种冷端温度条件下试样高度较冻融前原状土分别降低 0.7 mm（冷端温度为−5 ℃）、0.5 mm（冷端温度为−7 ℃）、0.4 mm（冷端温度为−10 ℃）和 0.4 mm（冷端温度为−15 ℃），可见冻融后试样高度减小量随着冷端温度的降低而减小，也就是随着温度梯度的增大而减小。有趣的是，4 种冷端温度条件下试样靠近暖端位置均出现了收缩现象，并且沿试样高度方向轴向收缩并不均匀，这与 A. Hamilton[178]早期观测到的冻结压实黏土的情况正好相反。

4 种冷端温度条件下冻融后土样发生颈缩段的长度分别为：38.8 mm（冷端温度为−5 ℃）、33.7 mm（冷端温度为−7 ℃）、25.9 mm（冷端温度为−10 ℃）和 16.1 mm（冷端温度为−15 ℃）。随着冷端温度降低，土样冻融颈缩段长度减小，即颈缩段长度随着冻结温度梯度增大而减小。对比冻融前、后靠近暖端位置处土样的直径可以发现：4 种冷端温度条件下土样半径的变化量从 1.2 mm 到 1.7 mm，与冻融颈缩段长度的变化规律相似。冷端温度越低，土样直径变化量越小，即冻结温度梯度越大，土样发生颈缩处直径变化量越小。

冻融后土样上部出现冻融颈缩现象，即土样径向收缩，这也意味着软黏土经过封闭系统单向冻融后土样体积的改变，与冻融前的原状软黏土样相比，冻融后不同程度的冻融颈缩代表了土样体积不同程度减小。如前所述，土样上端靠近暖端位置，即便是冻结温度梯度最大时（冷端温度为−15 ℃），冻融过程中并未冻结，但随着下部土样的冻结，水分向下迁移。因此，由 A. Hamilton[178]提出的冻结收缩理论并不能充分解释本研究中观测到的冻融颈缩现象。反之，现有关于土体冻结过程中在冻结缘附近形成强大吸力的理论[179-180]，以及通过试验观测到的冻结过程中冻结缘附近负孔压的存在及孔隙水压力的降低[181-182]，与本书通过CT 观测到的土中微裂隙和微裂隙形态的变化，说明冻融颈缩产生的根本原因是：冻结过程中随着冻结锋面的发展，水分由暖端逐渐向冻结缘迁移，且上部暖端位置为水分迁移边界，在此过程中，冰透镜体的形成和未冻区负孔压导致冻结过程中的固结，从而表现为冻融后土

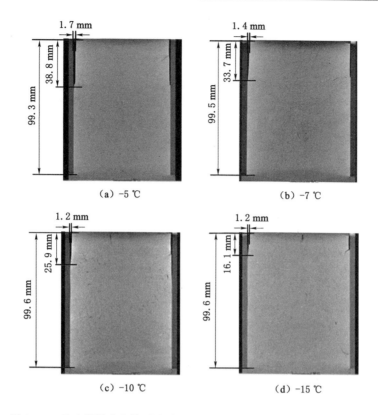

图 3-9　4 种冷端温度条件下冻融后试验土样纵截面 CT 图像(中心剖面)

样上部出现颈缩现象。其实早期 A. Baracos 等[183]对季节性冻土也进行了相似的观测。下一节将重点介绍相关定量结果,以确认这种假设,并给出对不同冻结条件下冻融颈缩现象的定量评估。

3.4　软黏土冻融体积变化定量研究

3.4.1　冻融体积收缩率

通过对冻融颈缩现象的观测,结合 2.4 节对试样冻融前、后沿试样高度(冻结方向)不同位置处的含水率、孔隙比和干密度的变化进行比较,可以证明土样收缩的合理性。对冻融前、后土样进行 CT 扫描,获得三维 CT 重建模型。根据土样、试样筒和空气之间较大的 CT 图像灰度差异(X 射线衰减程度不同),可以简便地设置阈值来识别土样,进而精确测量土样体积。由前述冻融过程中水分迁移和冻结锋面处吸力的机理可知冻融后土样体积收缩是由冻结缘吸力作用下产生的水分迁移所导致。假设土体融化过程中没有外力作用,土样除了水分相变外不产生附加变形,那么冻融过程中试样上部收缩应变主要由冻结过程中负孔压作用下的吸力引起。

基于此,定义冻融过程中体积变化率 $\alpha_{\text{F-T}}^{\text{V}}$,即土样冻融过程中产生的体积变化量与土样实际冻结体积之比,能够用以描述无附加荷载条件下封闭系统单向冻融土样在温度梯度作用下产生内部水分重分布而导致的短期体积收缩的程度。

$$\alpha_{\text{F-T}}^{V} = \frac{\Delta V_{\text{F-T}}}{V_{\text{F}}} \times 100 \quad\quad (3\text{-}2)$$

$$V_{\text{F}} = H_{\text{F}} \cdot A \quad\quad (3\text{-}3)$$

式中，$\alpha_{\text{F-T}}^{V}$为冻融短期体积收缩率，%；$\Delta V_{\text{F-T}}$为单向冻融条件下冻融后土样的体积变化量，mm^3；V_{F}为土样实际冻结体积，mm^3；H_{F}为最大冻结深度，mm；A为土样初始横截面面积。

图 3-10 为 4 种冷端温度冻融条件下计算所得冻融体积收缩率 $\alpha_{\text{F-T}}^{V}$，可以看出：当冷端温度降低时，$\alpha_{\text{F-T}}^{V}$快速降低。当冷端温度为 -5 ℃（Ⅰ）时，冻融体积收缩率 $\alpha_{\text{F-T}}^{V}$ 为 5.7%；当冷端温度为 -15 ℃（Ⅳ）时，$\alpha_{\text{F-T}}^{V}$ 降至 1.2%。4 种试验条件下土体的冻融收缩率可用指数衰减模型拟合：

$$\alpha_{\text{F-T}}^{V} = 29.09\mathrm{e}^{\frac{T_{\text{f}}}{2.67}} + 1.26 \quad\quad (3\text{-}4)$$

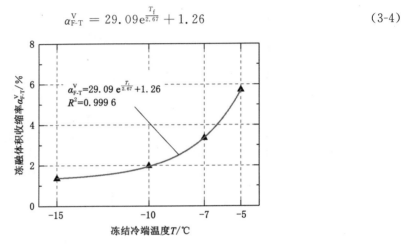

图 3-10 不同冷端温度时冻融体积收缩率

3.4.2 冻融体积收缩率与冻结完成时间之间的关系

上述结果表明：冻融前、后水分迁移导致的沿试样高度水分重分布与试样土体结构的改变程度密切相关，其中孔隙率和干密度的变化及冻融体积收缩方面最为显著。冻融后沿试样高度不同位置处含水率差异的根本原因是冻结过程中在冻结缘附近的温度梯度和冻结速率[184]。P. J. Williams[185]发现：黏土中冻结缘附近的负孔压（吸力）高达 400 kPa，并且当已冻结区的温度在 0 ℃以下越低，其负压值越大。在黏土已冻结区，土体的渗透率迅速下降为 0，那么靠近暖端附近的冻结峰面处吸力便成为控制水分迁移量的制约因素。冻融之前原状土样均匀，则在冻结过程中水分由暖端向冻结锋面迁移的速率与冻结锋面由冷端向暖端发展的速率一致。因此，冻结速率和冻结完成的时间都取决于冷端与暖端之间的温度梯度，那么冻结速率（冻结完成时间）是同一种土中制约水分迁移量的主要因素。

假设在封闭系统中对完全饱和土样进行冻融试验，将不会产生冻融后的体积收缩，即单独的水分迁移机制不能充分解释土体冻融体积收缩。对于本试验所用的非饱和软黏土，冻结锋面附近产生的负孔隙水压力引起真空，会从上部的孔隙中迁移孔隙水至冻结缘附近，形成冰透镜体[181-182]。在冻结锋面逐渐向暖端发展过程中，靠近暖端位置的土体内部孔隙水压力降低而有效应力增大,最终导致上部土样压密收缩。冻结过程中,在冻结锋面附近孔隙水冻结,水冰相变导致体积增大,并有可能使土孔隙增加。然而,由于孔隙冰压力对土中空气的压缩和来自试样筒侧向的限制,这种水冰相变带来的土孔隙扩大的趋势将受到一定限制。随着冻结过程中冻结锋面不断向暖端移动,试样整体表现为上部土体被挤密,越靠近暖端越明显。冻结过程中有相变产生,土样下部体积膨胀量随着融化而消失,迁移来的水分完全填充了土样下部,靠近土样边缘处伴随部分水分的排出,冻融结束后最终表现为土样收缩。

基于该机制,可以认为冻融收缩直接与冻结完成时间(冻结过程达到动态平衡时的时间)相关。因为冻结结束时,冻结锋面将动态稳定于某一固定位置,此时处于水热平衡动态过程,整个试样的温度和水分不再发生变化,即土样结构处于稳定状态。如图 3-11 所示,4 种冷端温度条件下的土样冻融体积收缩率与冻结完成时间呈线性关系,即冻结完成时间越短,冷端温度越低,冻结温度梯度越大,冻融体积收缩率也越低,这也就阐明了上述非饱和软黏土冻结过程中产生体积变化的机制。

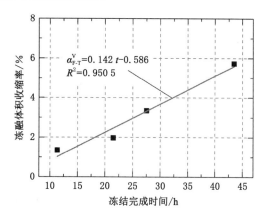

图 3-11　冻融体积收缩率与冻结完成时间关系曲线

3.5　CT 图像数据处理

3.5.1　数据处理

CT 图像是 X 射线穿越物质衰减而形成的,反映了光子与物质相互作用的随机过程,其测量数据服从统计规律,具有统计概率特征。因此,CT 图像的统计规律能够准确反映事物内部本质变化[186]。

(1) 图像数据提取

对于土体,CT 扫描所得图像每个体素所包含的 CTI(CT 图像灰度强度)值反映了土样内部土颗粒、孔隙及水分等引起的 X 射线衰减的分布情况,能够间接定量反映不同位置处土样内部结构的变化。CT 图像中土颗粒对应较高的 CTI 值(X 射线衰减较强),孔隙对应较小的 CTI 值(X 射线衰减较弱)[187-189]。那么对应每个 CT 切片图像可以表述为 $m \times n$ 的矩阵:

$$CTI(x,y) = \begin{bmatrix} CTI(1,1) & CTI(1,2) & \cdots & CTI(1,n) \\ CTI(2,1) & CTI(2,2) & \cdots & CTI(2,n) \\ \vdots & \vdots & & \vdots \\ CTI(m,1) & CTI(m,2) & \cdots & CTI(m,n) \end{bmatrix} \qquad (3\text{-}5)$$

式中,$x(1 \leqslant x \leqslant m)$ 和 $y(1 \leqslant y \leqslant n)$ 分别代表图像体素所处的行和列;m 和 n 为一张 CT 图像所包含的体素的行数和列数,每一张 CT 图像包含 1 024×1 024 个体素单元;$CTI(x,y)$ 为每一个体素所对应的唯一的 CTI(CT 图像灰度强度)值。

图 3-12 为土样 CTI 数据提取示意图。

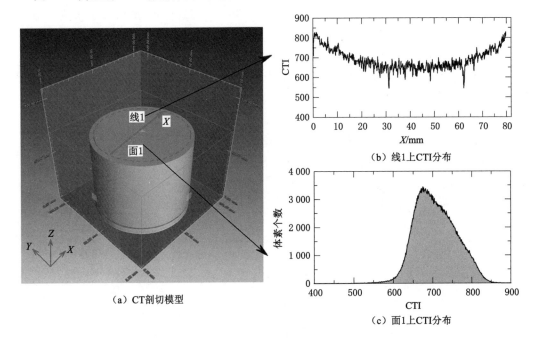

（a）CT 剖切模型

（b）线1上CTI分布

（c）面1上CTI分布

图 3-12　CT 图像的数据提取

（2）数据处理与去噪

对土样进行 CT 扫描,沿试样高度可以获得 1 024 张高分辨率的 CT 扫描灰度图像,每张图像均以灰度水平显示,其包含 1 024×1 024 个体素,每个体素对应 1 个确定的 CTI 值。根据 CT 图像的 CTI 值分布情况便能定量获知土样内部的改变情况。如图 3-13 所示,以冷端温度－5 ℃冻融前、后土样 CT 扫描为例,图 3-13（a）和图 3-13（b）分别为冻融前、后沿试样高度不同位置处 5 个代表性截面 CT 图像轴线上的 CTI 分布。如图 3-12（a）所示,横坐标 X 即从土样横截面的一个边缘延伸到另一个边缘,贯穿圆心,即圆形截面的直径方向。由于 CT 扫描均质体获得影像中各点之间 CT 值的波动,即 CT 图像中 CTI 值存在一定的噪音和失真[190-191]。从图 3-13（a）和图 3-13（b）可以看出:土体 CT 图像中 CTI 分布的波动和噪音是由土骨架结构中土颗粒和孔隙随机分布所导致,这使得 CTI 数据的提取和真实反映土体在不同状态下的变化很困难。

基于此,尝试对 CTI 数据噪音进行滤波处理。Savitzky-Golay 滤波器[192]（简称 S-G 滤波器）是一种在时域内基于局域多项式最小二乘法拟合的滤波方法,最初由 Savitzky 和 Go-

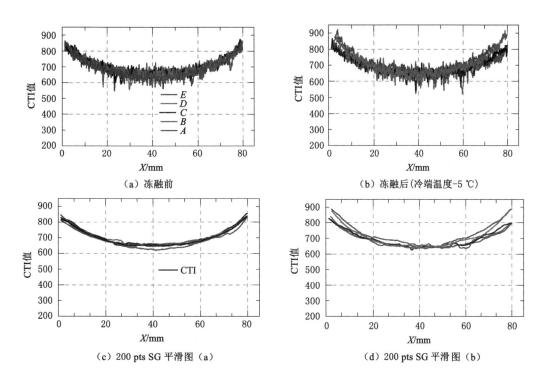

（a）冻融前　　　　　　　　　　　　（b）冻融后（冷端温度-5 ℃）

（c）200 pts SG 平滑图（a）　　　　　　（d）200 pts SG 平滑图（b）

图 3-13　冷端温度−5 ℃冻融前、后沿试样高度不同位置处
CT 图像轴线 CTI 数据平滑过程

lay 提出,被广泛运用于数据平滑除噪。其在滤除噪音的同时可以确保信号的形状和宽度不变(图 3-14)。

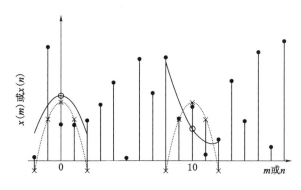

图 3-14　信号的最小二乘法平滑示意图

一列数据 $x[n]$ 在图中用实心圆点来表示,考虑一组以 $n=0$ 为中心的 $2M+1$ 个数据,可用如下多项式拟合:

$$p(n) = \sum_{k=0}^{N} \alpha_k n^k \tag{3-6}$$

那么最小二乘拟合的残差为:

$$\varepsilon_N = \sum_{n=-M}^{M} (p(n) - x[n])^2 = \sum_{n=-M}^{M} \Big(\sum_{k=0}^{N} \alpha_k n^k - x[n] \Big)^2 \qquad (3\text{-}7)$$

图 3-14 中实曲线表示 $N=2$，$M=2$ 时的拟合多项式，滤波后的结果为：

$$y[0] = p(0) = \alpha_0 \qquad (3\text{-}8)$$

所以只需获得拟合多项式的常数项，而计算 α_0 相当于对原始数据进行一次滤波，可用卷积运算来实现：

$$y[n] = \sum_{m=-M}^{M} h[m] x[n-m] = \sum_{m=n-M}^{n+M} h[n-m] x[m] \qquad (3\text{-}9)$$

即对输入数据进行加权平均，图 3-14 中 x 为加权系数。

因此，利用 S-G 滤波器对 CTI 数据分布进行滤除随机噪音和平滑数据。图 3-13(c) 和图 3-13(d) 分别为采用 200 个样本点经 S-G 滤波器平滑过的冻融前、后的 CTI 分布曲线。与初始状态 [图 3-13(a) 和图 3-13(b)] 所示的 CTI 分布相比，可以看出 S-G 滤波器在对 CTI 分布曲线的平滑和揭示不同位置处 CTI 值分布的差异性方面非常有效。图 3-13(c) 为冻融前试样不同高度处横截面 CT 轴线 CTI 值分布，可以看出不同高度处的曲线随机聚集在一起，表明冻融前原状土样相对均匀。而冻融后的土样 [图 3-13(d)]，可以明显看出不同高度处 CTI 分布曲线表现出差异且分散开，不同位置处 CTI 分布差异较大，特别是试样最上端位置的曲线 E，CTI 值增加较多，曲线向上移动，在 5 组数据中变化最为明显。

（3）CT 杯状伪影的消除

对于未受扰动的原状软黏土试样，假设忽略试样制作过程中对土样的扰动，那么沿试样横截面应该有相对均匀的 CTI 分布，即沿原状土样横截面 CT 图像轴线方向 CTI 分布曲线应该为一条直线。然而从图 3-13 可以看出：所有的土样横截面 CT 图像轴线方向 CTI 分布曲线均呈现靠近试样边缘位置处的 CTI 值高而靠近中心位置 CTI 值较低的现象。这种现象，即工业 CT 扫描试样中心位置处 CTI 值偏低，称为杯状伪影[193]，与探测器的余晖效应、探测器的响应不一致，和射线硬化等因素有关。本试验采用预处理方法，一定程度上降低了杯状伪影的影响，即在 X 射线硬化前穿过被检测试样，先让其穿过一个或多个过滤物质（铝、铜等金属），让 X 射线事先硬化。但该方案只能对内部各种成分密度差别不大的物质进行硬化校正[194]。另外，工业 CT 中常用的 X 射线均衡器也是一种过滤膜，可调整 X 射线强度的角度分配，同时也相应对射线源进行了预先硬化校正。

如图 3-13(c) 所示，原状土样不同高度处的 CTI 分布显示出沿试样高度不同位置处所有 CT 图像的 CTI 分布有类似的趋势，表明杯状伪影对 CTI 分布的影响沿试样高度方向不同位置是一致的。基于这一认识，下面提出用数学的方法对杯状伪影造成的 CTI 分布误差进行消除。

冻融前试样 XY 平面 CT 图像的平均 CTI 值 $\mathrm{CTI}_0^{\mathrm{Avg}}(x,y)$，可根据下式利用平滑过的 CTI 值 $\mathrm{CTI}_0(x,y)$ 计算得到：

$$\mathrm{CTI}_0^{\mathrm{Avg}}(x,y) = \frac{1}{n}[\mathrm{CTI}_0(x,y)_1 + \mathrm{CTI}_0(x,y)_2 + \cdots + \mathrm{CTI}_0(x,y)_n] \qquad (3\text{-}10)$$

式中，$\mathrm{CTI}_0^{\mathrm{Avg}}(x,y)$ 为每个横截面上 CT 图像的 CTI 平均值。

那么冻融前原状土样某一特定横截面 CT 图像的 CTI 差值为 $\Delta\mathrm{CTI}_0(x,y)$：

$$\Delta\mathrm{CTI}_0(x,y) = \mathrm{CTI}_0(x,y) - \mathrm{CTI}_0^{\mathrm{Avg}}(x,y) \qquad (3\text{-}11)$$

相似的,冻融后土样某一位置处横截面 CT 图像的 CTI 差值(相对值):

$$\Delta CTI_{ft}(x,y) = CTI_{ft}(x,y) - CTI_0^{Avg}(x,y) \qquad (3\text{-}12)$$

用这种取相对值的计算方法来评价冻融前、后 CTI 分布变化情况比较有效,下一节将在此基础上对其有效性进行表述,并定量论述冻融前、后不同位置处的 CTI 变化规律。

3.5.2　不同条件下 CTI 变化规律

(1) 沿试样高度不同位置处横截面 CT 图像轴向 CTI 分布变化

利用上一节提出的 CTI 平滑和差值校正方法,分别计算冻融前、后试样 CT 扫描图像各相应体素对应的 CTI 相对值 $\Delta CTI_0(x,y)$ 和 $\Delta CTI_{ft}(x,y)$。为研究 CTI 的变化情况,图 3-15 为沿试样高度不同位置处横截面 CT 图像轴向 $\Delta CTI_0(x,y)$ 和 $\Delta CTI_{ft}(x,y)$ 分布情况,其中沿试样高度方向从下到上位置分别为 A、B、C、D、E,取样位置如图 3-13(a)所示。由图 3-15 可以看出:5 个位置冻融前原状土 $\Delta CTI_0(x,y)$ 分布,其分布在 $-25\sim25$ 范围之间,并在 0 附近随机波动,没有明显的变化趋势,表明杯状伪影对 CTI 分布的影响已经被有效滤除,说明冻融前原状土样相对均匀。然而对于冻融后土样,5 个位置融土 $\Delta CTI_{ft}(x,y)$ 分布与原状土相比出现明显变化,其分布范围为 $-50\sim60$,且分布的值域宽度是原状土的 2 倍。此外,还可以看出 $\Delta CTI_{ft}(x,y)$ 存在横向和纵向分布上的差异,即冻融作用对软黏土内部空间结构的影响表现为横向和纵向 CTI 分布变化。与原状土样 $\Delta CTI_0(x,y)$ 分布相比,融土 $\Delta CTI_{ft}(x,y)$ 值在靠近试样上端 E 和 D 位置变大,而在靠近下部的 C、B 和 A 位置减小。观察 CTI 水平方向的分布可以看出 E 和 D 位置处沿试样横截面轴向的 $\Delta CTI_{ft}(x,y)$ 并不均匀,而是靠近试样边缘处比中心处 $\Delta CTI_{ft}(x,y)$ 大。

如 3.2 节所述,CT 扫描所得灰度图像中每一体素在尺寸上对应土样的体积约为 $0.1~mm^3$,远大于黏土颗粒尺寸,即单个体素包含众多土颗粒和孔隙。因此,CTI 值的变化情况反映了土体内部自身材料对 X 射线吸收的平均衰减程度,CTI 值越大,材料越密实。基于此,图 3-15 表明在土样内部冻融后试样顶端即靠近暖端位置土样变得更密实,在下部靠近冷端位置处土样变得松散,并且冻融之后土样边缘处比中心位置处密实程度更大。而垂直方向的密度变化主要是由冻融过程中水分从暖端向冷端迁移引起的,其变化的定量关系将在下节进行阐述。而 E 和 D 位置处 $\Delta CTI_{ft}(x,y)$ 表现出的试样边缘处大于中心处,主要是由冻结过程中水分迁移的路径不是垂直所致。

(2) 沿试样高度方向 CTI 平均值变化

如上所述,土样 CT 扫描所获得 CT 图像包含大量的体素和所对应 CTI 数据,因此有必要基于统计规律对不同条件下冻融前、后试样 CT 扫描所获得的数据进行分析,以定量表征冻融引起的软黏土内部结构变化。通过沿试样高度每隔 5 mm 位置选取一横截面 CT 图像的方法,选取冻融前、后沿试样高度不同位置处的 20 组土样横截面 CT 图像[图 3-16(a)],并计算每个 CT 图像所包含的 CTI 数据,选取 CT 图像中土样位置新建一个研究区域[图 3-16(b)],计算研究区域(即土样)范围内 CTI 平均值,记作 CTI_s。

每一 CT 图像研究区域的统计体素数量为 $3.9\times10^5\sim4.1\times10^5$ 个,通过统计各体素对应的 CTI 数据分布方差发现,其方差值分布于 50 附近,说明其离散程度较低,而各层土体 CTI_s 主要分布于 $700\sim750$ 范围内。

图 3-17 为 4 种冷端温度条件下冻融前、后土样沿试样不同高度位置处 CTI_s 的分布。

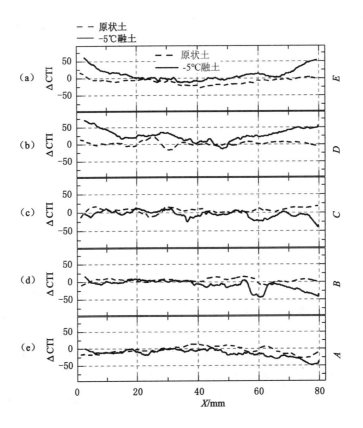

(a) $E(H=90 \text{ mm})$;(b) $D(H=70 \text{ mm})$;(c) $C(H=50 \text{ mm})$;
(d) $B(H=30 \text{ mm})$;(e) $A(H=10 \text{ mm})$。

图 3-15　冷端温度－5 ℃冻融前、后沿试样高度不同位置处
横截面 CT 图像轴线方向 ΔCTI 分布

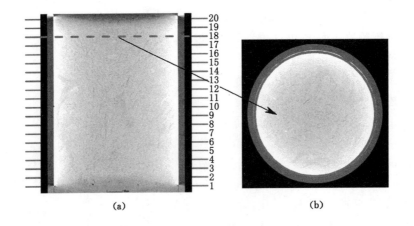

图 3-16　沿试样高度不同位置处土样横截面 CT 图像的选取及 CT 图像研究区域

由图 3-17 可知：对于冻融前原状土样而言，4 组试验 CTI_s 沿试样高度方向均匀分布于 720

附近,但是在其端部位置出现小范围波动。这一结果表明土体相对均匀,并说明杯状伪影相应沿纵向与横向是一致的,也对试样的 CTI 分布产生一定影响。而冻融后试样与冻融前原状土样沿试样高度 CTI_s 分布相比,4 种冷端温度条件冻融后土样沿试样高度上部 $1/3\sim1/4$ 范围内出现 CTI_s 值增大,靠近试样下部的 $3/4\sim2/3$ 范围内 CTI_s 值减小。整体来看,冻结冷端温度越低,即冻结温度梯度越大,与原状土相比试样上部 CTI_s 增大越多,冷端温度为 $-5\ ℃$ 情况下,试样上部 CTI_s 变化量最大,与原状土样相比增大约 30%。同样,冷端温度越低,试样下部 CTI_s 减小量越大。图 3-17 中冻融前、后土样上部和下部出现的 CTI_s 小范围突变,是由试样边缘 CT 扫描过程中强烈 X 射线散射导致的端部效应和杯状伪影引起的,对比可见这种误差对同等土样产生的影响相同。

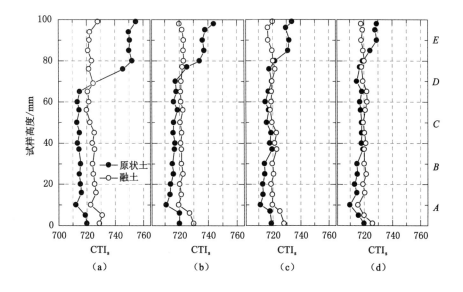

图 3-17　冻融前、后沿试样高度方向 CTI_s 分布情况

如果对冻融前、后同一位置处的土样 CTI_s 取差值,可有效避免杯状伪影带来的影响。

（3）冻融前后 CTI_s 变化

图 3-17 为冻融前、后沿试样高度不同位置处土样横截面 CT 图像 CTI_s 的分布情况,杯状伪影和端部效应对 CTI 分布产生一定影响。基于 3.5.1 节对 CTI 数据提取和处理的计算方法,这些误差可以采用对冻融前、后沿试样高度相同位置处土样横截面 CTI_s 取差值的方法进行消除,即冻融后的土样 CTI_s 值减去对应位置处冻融前原状土样的 CTI_s 值,记为 ΔCTI_s。

图 3-18 为 4 种冷端温度条件下冻融后土样沿试样高度的 CTI_s 变化量 ΔCTI_s 的分布情况。可以看出:ΔCTI_s 沿试样高度的变化趋势已经消除了杯状伪影和端部效应引起的误差。ΔCTI_s 沿试样高度的变化揭示了不同冷端温度条件下冻融对软黏土的改变情况,试样上部 ΔCTI_s 的增大表明冻融后土样上部更致密,而试样下部的 ΔCTI_s 的减小表明冻融后土样下部松散或疏松,即密实度降低。此外,冻结冷端温度越高,即温度梯度越小,ΔCTI_s 越大,即冻融引起的土样密实度变化越大。

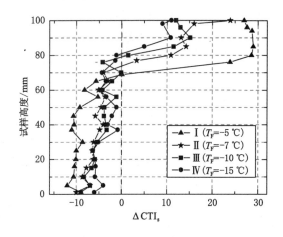

图 3-18　4 种冷端温度条件下冻融后沿试样高度 ΔCTI_s 的分布

3.6　冻融前、后土体细观特性的 CT 定量表征

由上述分析可知不同冷端温度条件下沿试样高度不同位置处冻融前、后土样发生了不同程度的改变。本节将对冻融前、后土体物理特性的改变和 CTI 变化规律进行定量分析，建立以 CTI 定量表征土体物理特性改变的定量关系。

3.6.1　土体冻融前、后含水率、孔隙比和干密度的变化与 CTI 变化之间的关系

以 CT 扫描方式获得的 CTI 数据分布分辨率远高于传统室内土工试验所获得的土体物理力学指标参数。如对本试样冻融后土样沿试样高度不同位置处的含水率进行测试，将试样平均分为 5 层，每一层为 20 mm，然后取样测试。而对于干密度和孔隙率的测试，限于试样高度和大小的要求，将冻融试样沿高度平均分为 3 层进行取样测试沿试样高度上、中、下之处的干密度和孔隙率。因此，为定量研究 CTI 的变化与土体含水率、干密度和孔隙比等的变化的对应关系，将上述所得的 CTI 进行对应土层的加权取平均，即对应试样高度，将试样高度平均分为 3 层或 5 层，取各层土体范围内的 CTI 变化率均值，记为 $k_{\Delta CTI_g}$。同理，对沿试样高度不同位置处的含水率、孔隙比和干密度的变化量进行归一化，分别计算其变化率，即以百分比表示，分别记为 k_e、k_{ρ_d}。

图 3-19 为不同冷端温度条件下冻融后沿试样高度分为 5 层的 $k_{\Delta CTI_g}$ 和 Δw 分布，其中 Δw 为各土层冻融后含水率与冻融前含水率之差值。图 3-20 为不同冷端温度条件下冻融后沿试样高度分 3 层的 k_{CTI_g} 和 k_e、k_{ρ_d} 的分布情况，其中 k_e 和 k_{ρ_d} 分别为冻融后土样不同位置处的孔隙比和干密度变化率，即冻融后的改变量与原状土对应值的比值。

由图 3-19(a)可以看出：靠近试样上部位置 k_{CTI_g} 为正值，而靠近试样下部位置为负值，即冻融后试样上部的 CTI 增大而下部减小，且冷端温度越低，CTI 变化量越小。图 3-19(b)为冻融后沿试样高度含水率变化 Δw，可以看出其沿试样高度的分布与 k_{CTI_g} 正好相反。图 3-20 表明：k_e 沿试样高度方向的分布与 Δw 变化趋势类似，而 k_{ρ_d} 变化趋势与 k_e 变化趋势相反。这些情况与由 CTI 数据分析所得结论一致，即冻融后试样上部 CTI 增大，说明土样变

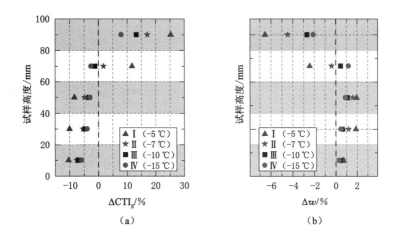

图 3-19　沿试样高度含水率的变化与 CTI 变化分布(5 层)

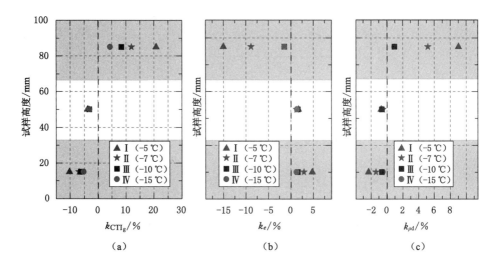

图 3-20　沿试样高度孔隙比、干密度变化和 CTI 变化(3 层)

得更致密,而下部 CTI 减小,说明土样变得相对松散。软黏土冻融后含水率、孔隙比和干密度的这种相关变化趋势的原因是冻结过程中水分从暖端向冷端迁移,冻结锋面处具有吸力,并形成冰透镜体。

3.6.2　冻融前、后含水率、孔隙比和干密度变化与 CTI 之间的相关性

前述数据分析表明:土体冻融后 k_{CTI_g} 沿试样高度的分布与土体物理特性参数(含水率、孔隙比和干密度)的变化之间存在密切关系。建立它们之间的关系,对利用 3D X-CT 定量研究软黏土冻融作用具有重要意义。

图 3-21 为 4 种冷端温度条件下 Δw、k_e、$k_{\rho_{\mathrm{d}}}$ 与 k_{CTI_g} 之间的关系。观察发现不同冷端温度条件下土样的 Δw,k_e 和 $k_{\rho_{\mathrm{d}}}$ 与 k_{CTI_g} 之间存在明显的线性关系,线性拟合可得:

$$\Delta w = -0.22 k_{\mathrm{CTI}_g} - 0.26 \tag{3-13}$$

$$k_{\rho_d} = 0.33 k_{CTI_g} + 0.64 \tag{3-14}$$

$$k_e = -0.58 k_{CTI_g} - 0.68 \tag{3-15}$$

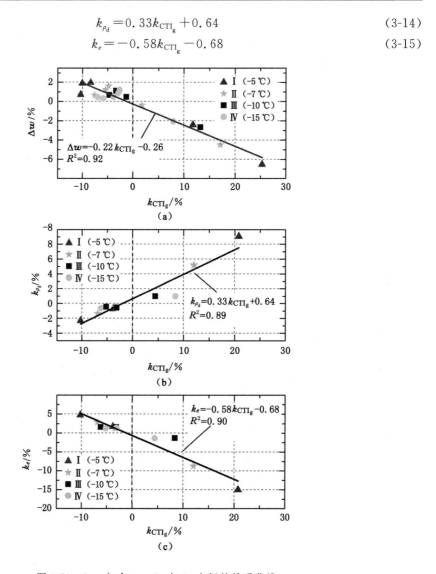

图 3-21　k_{CTI_g} 与含 Δw、k_{ρ_d} 与 k_e 之间的关系曲线

三者之间线性拟合相关系数 k^2 均约为 0.9，表明线性相关性较好。

上述线性关系中已包含冷端温度和距冷端的距离，即任意冷端温度条件下，冻融后任意位置处的土样，只要经过 CT 扫描并获得其 CTI 分布的变化情况，便可准确获得其物理指标的改变情况，且分辨率较高，这对定量表征土体冻融前、后的土性参数改变具有重要意义。

3.7　本章小结

本章利用三维 X 射线 CT 对冻融前、后软黏土试样进行断层扫描，并采用 V. G. Studio 软件对 CT 数据进行重构和图像定量分析，研究了软黏土融沉变形的细观结构特征和 CT 特征参量变化规律，主要结论如下：

（1）对 4 种冷端温度（−5 ℃、−7 ℃、−10 ℃、−15 ℃）条件下冻融前、后的软黏土试样进行 CT 扫描,获得冻融前、后土样三维 CT 切面图像,采用 V. G. Studio 软件对 CT 数据进行重构,得到完整的土体三维 CT 模型。

（2）对比 4 种冷端温度条件下冻融前、后土体三维 CT 模型发现:冻融后土样上部出现不同程度的径向收缩现象,提出软黏土封闭系统单向冻融条件下靠近暖端位置出现冻融颈缩现象。并结合三维 CT 模型,对冻融颈缩现象进行定量研究,得出 4 种冷端温度条件下冷端温度越高,冻融颈缩现象越明显,发生颈缩处的土体体积收缩量越大的结论。

（3）提出软黏土封闭系统单向冻融条件下冻融体积收缩率 $\alpha_{\text{F-T}}^{\text{V}}$,定量研究了 $\alpha_{\text{F-T}}^{\text{V}}$ 与冻结冷端温度和冻结完成时间之间的关系,得出如下结论:$\alpha_{\text{F-T}}^{\text{V}}$ 与冷端温度呈指数关系,即冷端温度越低,$\alpha_{\text{F-T}}^{\text{V}}$ 越小;$\alpha_{\text{F-T}}^{\text{V}}$ 与冻结完成时间呈线性关系,即冻结完成时间越短,$\alpha_{\text{F-T}}^{\text{V}}$ 越小。

（4）对 4 种冷端温度条件下冻融前、后沿试样高度不同位置处的 CT 图像特征参量 CTI 进行统计分析,运用数学计算方法消除杯状伪影对 CTI 数据带来的噪音,得到不同冷端温度条件下冻融前、后沿试样高度不同位置处的 CTI 均值变化情况,表明冻融后土样上部 CTI 增大,土样下部 CTI 减小。以 CTI 定量表征土体冻融前、后沿试样高度不同位置处的结构变化情况,具有分辨率高、测试方法简便等特点。

（5）通过与冻融后沿试样高度不同位置处的土体含水率、孔隙比和干密度等的变化相对比,发现 k_{CTI_g} 的变化与这些土性参数之间具有较好的对应关系。得到不同冷端温度条件下沿试样高度不同位置处的 k_{CTI_g} 与含水率变化量 Δw、孔隙比变化率 k_e 和干密度变化率 k_{ρ_d} 之间具有较好的线性关系,这种线性关系除去了冻结冷端温度和与冷端距离之间的影响,说明通过 CT 扫描检测就能定量得出土体冻融后物理特性参数（含水率、孔隙比和干密度等）的改变情况。

第4章　人工冻融软黏土微观孔隙特征及其变化研究

4.1　引言

　　软黏土的融沉变形在微观尺度上主要体现为微观孔隙体积的压缩和不同孔径孔隙之间的相互转化。土体冻融后孔隙水分重分布使得孔隙体积减小,同时土体孔隙尺寸、分布、形状等也随之变化。为研究原状软黏土冻融及压缩变形过程中微观孔隙的定量变化,揭示土体发生冻融变形的内在机理,本章以软黏土原状土样为研究对象,通过压汞试验对不同冻结条件下冻融及压缩前、后沿试样不同高度位置处的土样孔隙分布变化、孔隙分布与冻融及压缩特性之间的关系进行研究。同时对不同冻融条件下冻融及压缩后沿试样冻结方向不同高度处土的微观孔隙变化进行研究,分析冻融和压缩对软黏土孔隙分布变化的影响。

4.2　压汞试验测试方法及试样制备

4.2.1　压汞试验测试方法

（1）原理

　　压汞法是指在一定压力下将汞压入多孔体中,这是基于非亲水性液体只有在外加压力作用下才会进入其内部孔隙原理而进行的。如图 4-1 所示,外加压力与孔隙入口孔径、土体与汞的接触角、汞的表面张力有关[195]。

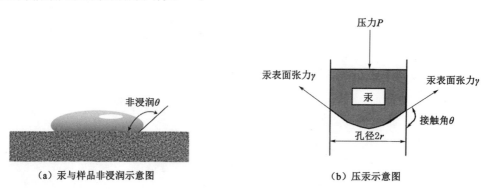

（a）汞与样品非浸润示意图　　　（b）压汞示意图

图 4-1　压汞法测试原理示意图

　　假设孔隙为圆柱形,给定毛细孔的半径 r 和长度 l,则单位体积内压入汞的表面积 A 按下式计算:

$$A = 2\pi r l \tag{4-1}$$

则孔壁对汞的压力 W_1 为：

$$W_1 = -2\pi r l \gamma \cos\theta \tag{4-2}$$

加大压力使汞进入毛细孔中，则外界对汞的压力 W_2 为：

$$W_2 = P\pi r^2 l \tag{4-3}$$

因为 $W_1 = W_2$，故有：

$$Pr = -2\gamma\cos\theta \tag{4-4}$$

式（4-4）即著名的瓦什伯恩（Washburn）方程。其中，P 为外加压应力；θ 为土体与汞的接触角；γ 为汞的表面张力。必须指出的是，采用压汞法测得的孔隙半径为孔隙入口半径，而非该孔隙空间的等效半径，因为在测量时直到外压力达到孔隙喉道的毛细管压力阈值时汞才被注入孔隙中，即使孔隙再向深处变大，这部分孔径也只能以细径部分的半径表现出来[196-198]。

孔的类型包括交联孔、通孔、盲孔和闭孔[图 4-2(a)]。按形状分类，孔可以分为筒形孔、锥形孔、球形孔（墨水瓶孔）、孔隙或裂缝及裂隙孔[图 4-2(b)][199]。

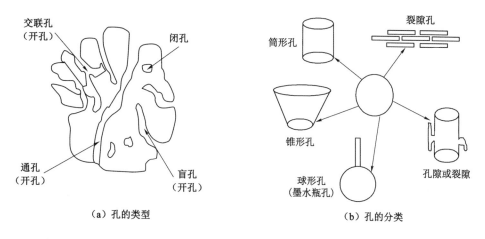

（a）孔的类型　　　　　　　　　　　　　　（b）孔的分类

图 4-2　微观孔隙的类型与分类

（2）仪器设备及试剂

本次试验采用美国 Micromeritics 公司的 Autopore 9500 型压汞仪，其低压分析站的大孔压力范围为 $0.02\sim50$ psi（1 psi＝6.89 kPa），可提供 0.05 psi 的压力增量，可在大孔范围内采集详细数据，测量材料的孔径分布（$0.003\sim1\,100\ \mu m$）。高压分析站的小孔压力范围为 $50\sim60\,000$ psi，可提供低至 1 nm 的孔径测量。其能进行高分辨率数据的采集，进汞及退汞体积精确（精确至 $0.1\ \mu L$）。

压汞试验参数：汞的表面张力为 0.48 N/m；接触角为 141°；最大压力为 30 000 psi，因为试验过程中发现一般压力超过 20 000 psi 之后，进汞量曲线趋于水平，表明进汞量不再增加，从而说明设置 30 000 psi 控制压力是合理的；所用膨胀管型号为 09-0058 固体膨胀管，空管的质量约为 61 g，体积为 5.536 mL。

（3）样品预处理

压汞测试要求样品尽量保持绝对干燥，且制样过程中应尽量不扰动或少扰动样品初始结构,以反映土体真实的孔隙状态。目前常用的干燥方法包括风干法、烘干法、置换法、临界点干燥法和冷冻干燥法等[200]。采用对土样微观结构影响比较小的液氮冷冻真空冻干法进行试样制备。

利用液氮将土样快速冷冻至−193 ℃,使土体中的液体迅速冻结成非结晶态的冰,然后再使非结晶态冰在−50～−100 ℃的真空(1.3～13 Pa)中升华,以去除土体水分,又避免水气界面表面张力使组构发生变化[201]。冻干法制样采用 FD-1A-50 型真空冷冻干燥机,分别以液氮和异戊烷作为冷冻剂和过渡剂。

(4)试验数据与曲线

压汞测试能够得到的数据:孔体积、孔径分布、孔面积、孔结构、粒度分布。

孔体积测定范围主要取决于仪器的压力范围和接触角。孔径上限受可得到的最低填充压力限制,而孔径下限受最高填充压力限制。

① 试验结果综述。大孔在低压填充,小孔在高压填充。部分松散颗粒在增压的影响下被压紧。注汞曲线不能沿原路返回(退汞曲线位于进汞曲线上方)。进汞和退汞之间的 θ 的改变能解释迟滞现象。具有复杂网状结构的孔会产生滞留现象,即一些汞遗留在孔中。

图 4-3(a)为压汞曲线的总体观察,图 4-3(b)为进汞不同阶段膨胀管中汞体积变化情况。

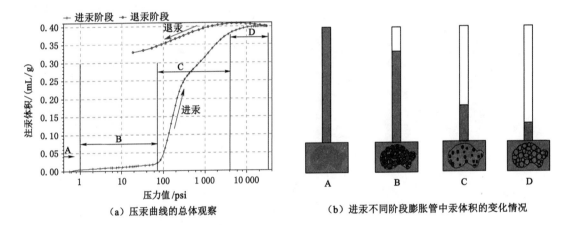

（a）压汞曲线的总体观察　　　　（b）进汞不同阶段膨胀管中汞体积的变化情况

图 4-3　压汞曲线的总体观察和进汞不同阶段
膨胀管中汞体积的变化情况

② 数据。利用上述孔压力与进汞体积的对应关系,可以统计出各级压力作用下的孔体积分布,计算出各孔径范围内的孔体积、孔面积的分布情况,以及根据统计学原理计算出相对总孔体积、相对总孔面积、中值孔径、平均孔径和孔隙率等,进而可基于分形几何的相关理论计算孔隙的分布分维等。

4.2.2　试样制备与试验方案

压汞试验所用土样有原状软黏土、压缩土、融土和融化压缩土,其中融土试样取自经过冻融试验后的土样,且沿试样高度将试样平分为 5 层,各层取代表位置处的土样进行压汞试验。经冻融后的土样平分为 3 层进行压缩试验,各层均取土样进行压汞试验,如图 4-4 所示。各试样的组成成分及基本物理性能指标见第 2 章。

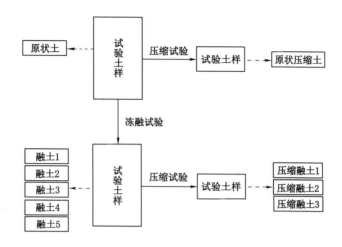

图 4-4　4 种土样示意图

压汞试验主要包括两个方面:一是通过冻融试验对不同冻融条件[4 种冻结冷端温度分别为−5 ℃(Ⅰ)、−7 ℃(Ⅱ)、−10 ℃(Ⅲ)和−15 ℃(Ⅳ)]下冻融后沿冻结方向不同高度位置处取土(沿试样高度平均分为 5 层)制备压汞试样,测试不同冻结冷端温度条件下及距冻结冷端不同位置处土样冻融前、后的微观孔隙变化特征与分布情况;二是通过压缩试验对冻融及压缩前、后沿试样高度不同位置处取土制备试样,测试冻融及压缩前、后土样孔隙特征,比较不同条件下土样微观孔隙变化关系。

为研究冷端温度对距冷端不同距离位置处土体孔隙的影响,将 4 种冷端温度条件下冻融后的土样沿冻融试样高度方向平均分为 5 层,每层厚 20 mm,每层取土制备压汞试样,经过真空冷冻干燥后,进行压汞试验,以获得冻融前、后距冷端不同距离位置处土样微观孔隙的分布特征和变化规律。

为研究土体不同冷端温度条件下冻融后距离冷端不同距离位置处土样压缩前、后的微观孔隙分布,将 4 种冷端温度条件下的土样冻融后平均分为 3 层,分别利用常规固结仪采用分级加载方式(12.5 kPa、25 kPa、50 kPa、100 kPa、200 kPa、400 kPa、800 kPa)进行压缩试验,待各级压力条件下变形达到稳定后,切取压缩土样中部代表性试样,制备成微观试验试样,经过真空冷冻干燥后进行压汞试验,以获得压缩前、后冻融土样的微观孔隙的分布特征和变化规律。

各种状态下土样压汞测试方案见表 4-1。

表 4-1　压汞测试方案

冻融条件	原状土	压缩原状土	融土	融化压缩土
Ⅰ(−5 ℃)	1	1	融土 1、2、3、4、5	融化压缩土 1、2、3
Ⅱ(−7 ℃)	1	1	融土 1、2、3、4、5	融化压缩土 1、2、3
Ⅲ(−10 ℃)	1	1	融土 1、2、3、4、5	融化压缩土 1、2、3
Ⅳ(−15 ℃)	1	1	融土 1、2、3、4、5	融化压缩土 1、2、3

4.3 压汞试验结果分析

4.3.1 压汞试验相关曲线分析

通过压汞试验直接获得的试验数据曲线包括：累计进汞量-进汞压力关系曲线、累计进汞量-孔径关系曲线、进汞增量-孔径关系曲线、进汞增量对孔径的变化率-孔径关系曲线、累计孔表面积-孔径关系曲线、累计孔体积-孔径关系曲线等。

（1）进、退汞曲线分析

图 4-5 至图 4-8 分别对应 4 种不同冷端温度（−5 ℃、−7 ℃、−10 ℃、−15 ℃）条件下冻融及压缩前、后原状土、原状压缩土、融土、融化压缩土 4 种状态下各土样的进汞、退汞曲线，即进、退汞体积随压力变化关系曲线。

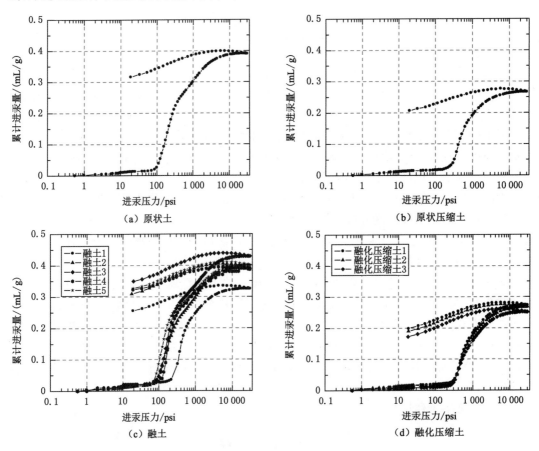

图 4-5　冷端温度为−5 ℃（Ⅰ）时土样冻融及压缩前、后的进、退汞曲线

可以看出：各条件下土样均表现出进汞曲线两端较平缓，中间陡峭；退汞阶段呈现退汞体积随压力减小而线性减小。退汞体积增大的速率在开始阶段非常缓慢，但是达到一定压力值后开始迅速增大，直至峰值，之后迅速减缓。这是因为在低压阶段汞进入大孔，

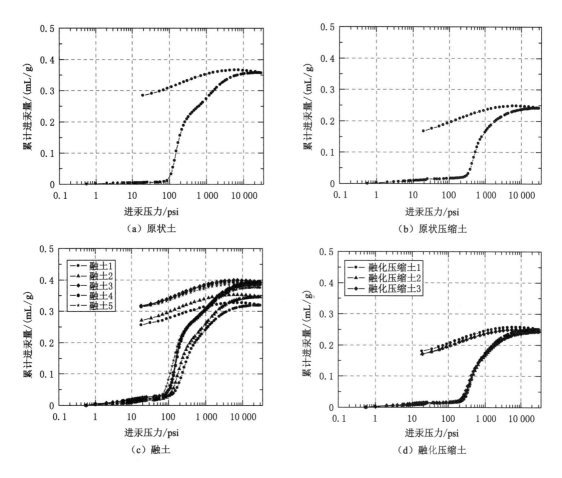

图 4-6　冷端温度为 -7 ℃（Ⅱ）时土样冻融及压缩前、后的进、退汞曲线

但是达到一定压力后，汞通过狭窄的"孔喉"之后，进汞量才明显提升，此临界压力称为阈值 P_t [120]。对此，也有学者解释为黏土紊乱的絮凝结构存在一些墨水瓶形孔隙 [202]，导致汞压入窄小孔隙时有"瓶颈"效应，退汞时部分汞滞留于孔隙内部无法排除，目前这一解释得到普遍认可。

对比 4 种冻融试验前、后的压汞试验进退汞曲线可以看出：软黏土原状土样阈值 P_t 出现在 100 psi 附近 [图 4-5(a)、图 4-6(a)、图 4-7(a)、图 4-8(a)]。土样压缩后 P_t 明显增大至 300 psi 附近 [图 4-5(b)、图 4-6(b)、图 4-7(b)、图 4-8(b)]。相比而言，冻融后 P_t 变化较小，靠近冷端位置的试样 P_t 减小，靠近暖端试样 P_t 反而增大。4 种冻融试验条件下，冷端温度 -5 ℃时 P_t 变化最明显，此时融土的 P_t 为 200 psi [图 4-5(c)]。融后土样压缩后，不同高度处具有相似规律，与原状压缩土相比，P_t 基本一致，出现在 300 psi 附近 [图 4-5(d)、图 4-6(d)、图 4-7(d)、图 4-8(d)]。

由各状态下土样的进、退汞曲线可以看出：一定压力范围内进、退汞曲线并不重合，说明一些汞永久性残留在土孔隙中。事实上，退汞曲线与进汞曲线的路径并不一致，对某一给定的压力值，退汞曲线对应的体积值比进汞曲线上的体积值大。各试样的进、退汞曲线形状大致呈相似的形状和走势，说明宁波地区软黏土的进、退汞曲线走势相似，而在冻融及压缩前、

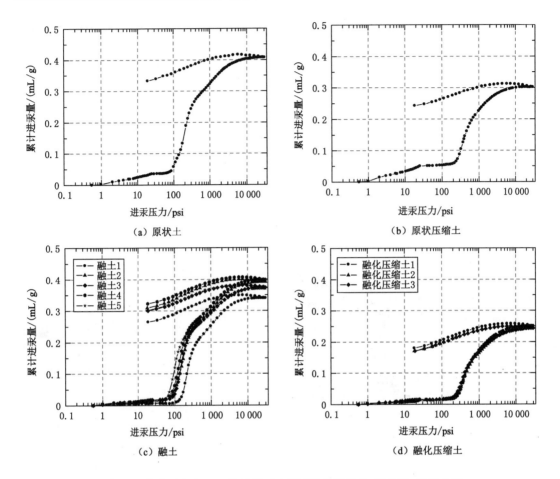

（a）原状土　　　　　　　　　　　　（b）原状压缩土

（c）融土　　　　　　　　　　　　（d）融化压缩土

图 4-7　冷端温度为－10 ℃（Ⅲ）时土样冻融及压缩前、后的进、退汞曲线

后不同外力作用下，其物理性能的改变导致试样整体进汞量存在差异。

　　总结各种状态下软黏土的进、退汞曲线，软黏土进、退汞曲线可抽象为图 4-9 所示形状，可以看出进汞曲线按照进汞压力可以大致划分为三个阶段：

　　第一阶段——进汞压力小于阈值 P_t。此时进汞压力较小，进汞量缓慢增长，曲线平缓且进汞总量较小，此时大孔和体积较大的裂隙在低压下被汞填充。

　　第二阶段——进汞压力介于 P_t 至 10 000 psi 之间。此时随着进汞压力不断增大，超过压力阈值 P_t 后曲线陡升，累计进汞量快速增加，之后又变得平缓，小孔在高压时逐渐被填充。

　　第三阶段——进汞压力大于 10 000 psi 直至设定控制压力值（设定控制压力值为30 000 psi）。此阶段虽然压力持续增大，但累计进汞量增长趋于平缓。当压力达到预定的最大进汞压力之后，高压分析结束，此时完成进汞阶段测试。

　　进汞阶段之后，随着压力不断降低，在高压下出现的可逆压缩得到释放，注汞体积稍微增大。压力持续降低后，进汞量逐渐减少，但比进汞阶段位置要高（进汞曲线不能沿原路返回，退汞曲线位于进汞曲线上方），因为汞在内部孔中滞留。随着进汞压力逐渐降低，此时的进汞体积仍较大，因为土体复杂、紊乱的结构和墨水瓶形孔隙滞留，部分汞遗留在孔中。通

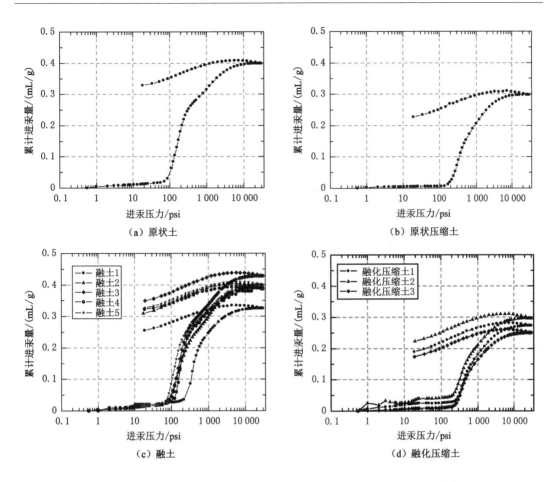

图 4-8 冷端温度为一15 ℃(Ⅳ)时土样冻融及压缩前、后的进、退汞曲线

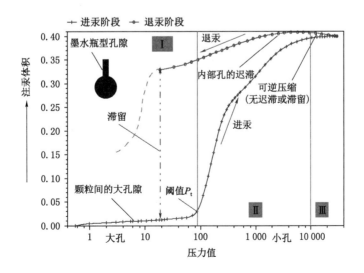

图 4-9 压汞曲线的总体观察

过对试验后的土样进行观察和称重也可以得到证实。

进一步观察不同试验条件下冻融及压缩前、后各土样进汞压力-累计进汞量曲线的差异,当进汞压力达到最大值 30 000 psi(206.85 MPa)时,各试样最大累计进汞量见表 4-2。可以看出:冻融后上端部分试样累计进汞量较冻融之前的原状土有所降低,且 4 种试验条件下沿试样高度 5 个试样中,累计进汞量最小值均为试样最上端的土样,4 种试验条件下分别降低 15%、11%、17%、8%。而累计进汞量最大值,−5 ℃ 和 −7 ℃ 条件下出现在第 3 层,−10 ℃ 和 −15 ℃ 出现在第 4 层,较原状土略微增大,4 种试验条件下分别增大了 10%、8%、2%、5%。原状压缩土样累计进汞量较原状土降低较为明显,4 种试验条件下分别降低 31%、33%、27%、25%。融后压缩土累计进汞量比原状压缩土略减小。

表 4-2 各土样最大累计进汞量 单位:mL/g

土样状态		冷端温度为 −5 ℃	冷端温度为 −7 ℃	冷端温度为 −10 ℃	冷端温度为 −15 ℃
原状土		0.39	0.36	0.41	0.40
压缩原状土		0.27	0.24	0.30	0.30
融土	1	0.33	0.32	0.34	0.37
	2	0.37	0.35	0.39	0.37
	3	0.43	0.39	0.37	0.39
	4	0.39	0.37	0.40	0.42
	5	0.40	0.38	0.37	0.39
融后压缩土	1	0.27	0.25	0.27	0.27
	2	0.27	0.25	0.25	0.30
	3	0.25	0.24	0.24	0.25

(2) 进汞压力-进汞增量关系分析

图 4-10 至图 4-13 为各土样的进汞增量-进汞压力关系曲线,可以看出曲线表现出类似于多峰曲线的形式,当压力较小或较大时,进汞增量均较小,压力适中时,进汞增量较大。说明试验软黏土土样中很大(团粒间孔隙)或很小(颗粒内孔隙)的孔隙数量较少。原状土经压缩后,其峰值分布向右偏移[图 4-10(b)、图 4-11(b)、图 4-12(b)、图 4-13(b)],说明固结后的软黏土孔隙减少,需要更大的压力才能将汞压入孔隙中。原状软黏土冻融后分布呈双峰状,其中峰值进汞增量均较原状土增大较多[图 4-10(c)、图 4-11(c)、图 4-12(c)、图 4-13(c)],说明峰值处的孔隙数量增多。此外,融土经过压缩后,压力低于阈值 P_t 时的进汞增量较小,且进汞增量峰值较小。冻融及压缩前、后进汞增量-进汞压力关系曲线形状的改变及峰值的偏移,说明原状软黏土经冻融、压缩作用后孔隙分布发生改变,各类孔隙数量也发生改变,部分较大的孔隙破裂分解成中、小孔隙,或部分小孔隙连通形成狭长的中、大孔隙,孔隙变化情况更为复杂。

(3) 孔径-对数进汞增量关系分析

图 4-14 至图 4-17 为各状态下土样的孔径-对数进汞增量的对数对应关系曲线,即 $dV/lg(D)$,这种关系曲线是将孔隙体积对孔径的对数进行微分得到的曲线,能够更好地展现不

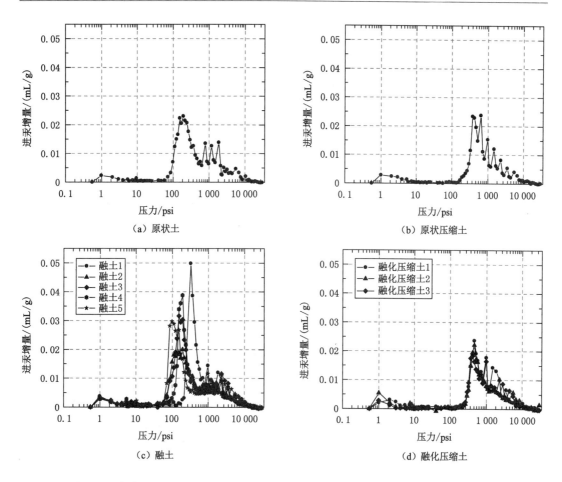

图 4-10　冷端温度为 −5 ℃（Ⅰ）时土样冻融及压缩前、后进汞压力-进汞增量关系曲线

同孔径对应的进汞增量和孔隙体积分布情况。其中纵坐标比进汞体积的计算方式为：

$$dV_i = V_{i-1} - V_i \tag{4-5}$$

$$d\lg D_i = \lg D_{i-1} - \lg D_i \tag{4-6}$$

式中，D 为孔径，nm；V 为进汞增量，mL/g。

可以看出各种状态下土样的孔径-对数进汞增量曲线均呈单峰分布。4 种不同冷端温度冻融条件下各状态土样所对应的最大对数进汞增量及其对应的孔径见表 4-3。可以看出：原状土对应的峰值出现在孔径为 1 000 nm 附近，说明试验原状土样孔径为 1 000 nm 附近孔隙体积分布最多。经压缩后，对数进汞增量曲线峰值对应的孔径较原状土减小；而冻融后土样相对于原状土出现峰值处所对应的孔径及峰值处的最大对数进汞量变化较大，与原状土相比，冷端温度为 −5 ℃时，沿试样高度从上到下最大进汞增量分别变化 −42%、57%、26%、26%、58%，峰值处对应的孔径分别变化 46%、−13%、35%、72%、26%；冷端温度为 −7 ℃时，沿试样高度从上到下最大进汞增量分别变化 −35%、13%、13%、13%、25%，峰值处对应的孔径分别变化 27%、−2%、44%、38%、4%；冷端温度为 −10 ℃时，沿试样高度从上到下最大进汞增量分别变化 0%、12%、40%、59%、59%，峰值处对应的孔径分别变化 11%、−4%、23%、38%、4%；冷端温度为 −15 ℃时，沿试样高度从上到下最大对数进汞增

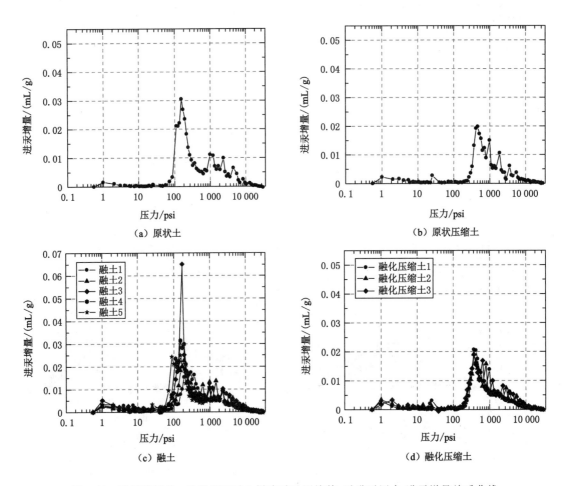

图 4-11　冷端温度为－7 ℃（Ⅱ）时土样冻融及压缩前、后进汞压力-进汞增量关系曲线

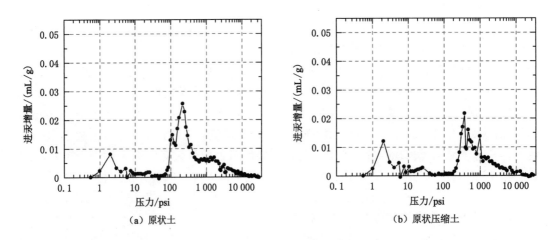

图 4-12　冷端温度为－10 ℃（Ⅲ）时土样冻融及压缩前、后进汞压力-进汞增量关系曲线

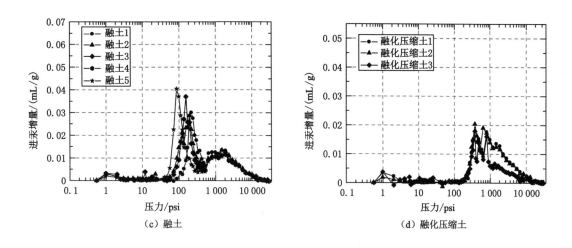

图 4-12（续）

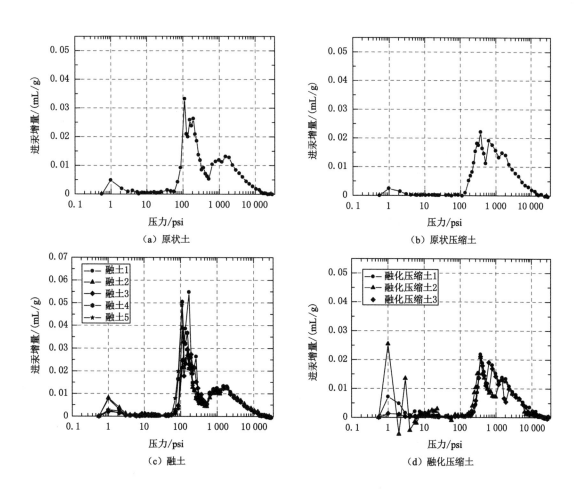

图 4-13　冷端温度为−15 ℃（Ⅳ）时土样冻融及压缩前、后进汞压力-进汞增量关系曲线

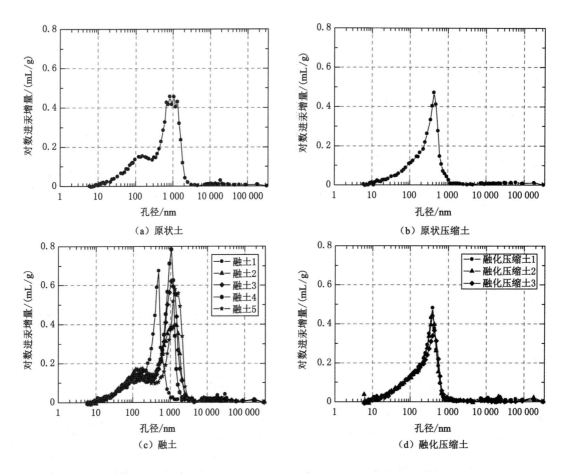

图 4-14　冷端温度为－5 ℃（Ⅰ）时土样冻融及压缩前、后孔径-对数进汞增量关系曲线

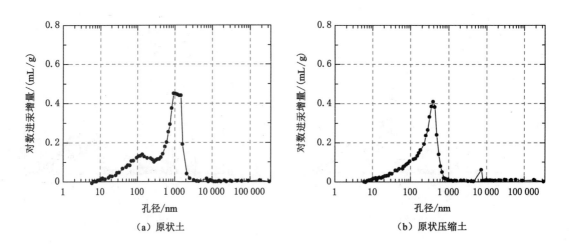

图 4-15　冷端温度为－7 ℃（Ⅱ）时土样冻融及压缩前、后孔径-对数进汞增量关系曲线

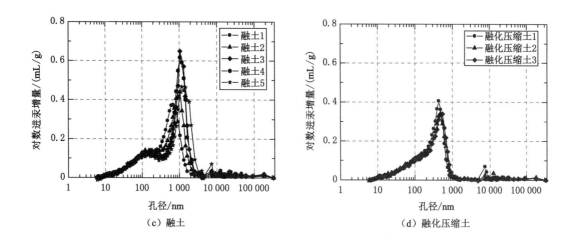

（c）融土　　　　　　　　　　　　　（d）融化压缩土

图 4-15（续）

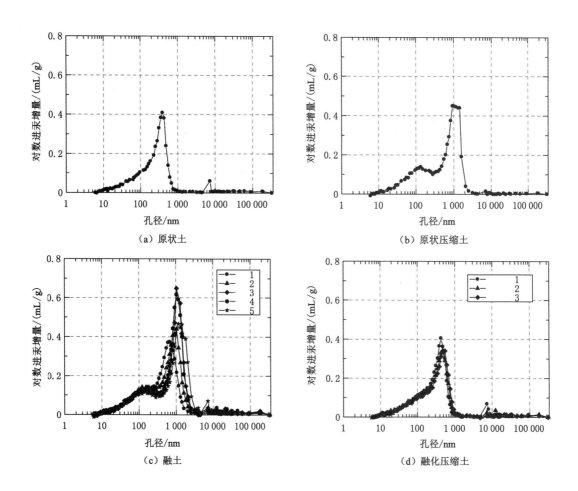

（a）原状土　　　　　　　　　　　　　（b）原状压缩土

（c）融土　　　　　　　　　　　　　（d）融化压缩土

图 4-16　冷端温度为−10 ℃（Ⅲ）时土样冻融及压缩前、后孔径-对数进汞增量关系曲线

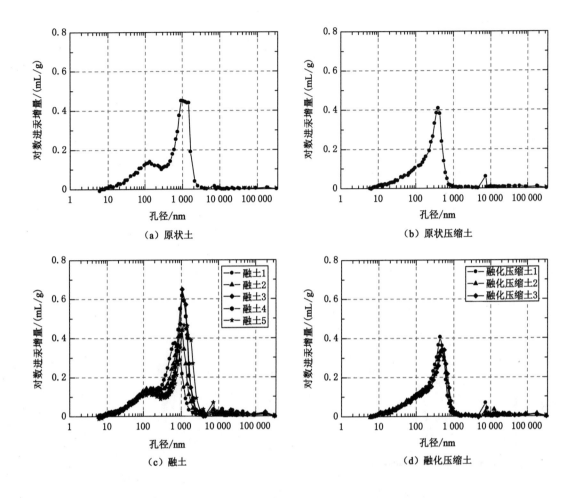

图 4-17　冷端温度为－15 ℃（Ⅳ）时土样冻融及压缩前、后孔径-对数进汞增量关系曲线

量分别变化 0%、12%、0%、26%、25%，峰值处对应的孔径分别变化 8%、14%、0%、45%、10%。

表 4-3　各土样最大对数进汞增量及对应的孔径

土样状态	参数	冷端温度/℃			
		－5	－7	－10	－15
原状土	最大对数进汞增量/(mL/g)	0.46	0.45	0.56	0.51
	孔径/nm	837	935	837	1 058
原状压缩土	最大对数进汞增量/(mL/g)	0.47	0.41	0.40	0.42
	孔径/nm	434	389	553	554

表 4-3(续)

土样状态		参数	冷端温度/℃			
			−5	−7	−10	−15
融土	1	最大对数进汞增量/(mL/g)	0.67	0.57	0.62	0.55
		孔径/nm	487	610	838	1 058
	2	最大对数进汞增量/(mL/g)	0.40	0.44	0.54	0.58
		孔径/nm	1 317	1 057	936	1 180
	3	最大对数进汞增量/(mL/g)	0.62	0.65	0.69	0.51
		孔径/nm	1 056	1 056	1 173	1 059
	4	最大对数进汞增量/(mL/g)	0.79	0.62	0.59	0.74
		孔径/nm	1 057	1 058	1 327	1 330
	5	最大对数进汞增量/(mL/g)	0.58	0.47	0.60	0.56
		孔径/nm	1 326	1 173	1 332	1 327
融化压缩土	1	最大对数进汞增量/(mL/g)	0.48	0.41	0.37	0.39
		孔径/nm	388	433	430	487
	2	最大对数进汞增量/(mL/g)	0.44	0.34	0.37	0.37
		孔径/nm	387	487	488	487
	3	最大对数进汞增量/(mL/g)	0.37	0.34	0.32	0.38
		孔径/nm	434	487	459	487

对于冻融及压缩后的土样,与原状土相比,冷端温度为−5 ℃时,沿试样高度从上到下最大对数进汞增量分别变化−53%、−54%、−48%,峰值处对应的孔径分别变化 4%、−4%、−20%;冷端温度为−7 ℃时,沿试样高度从上到下最大对数进汞增量分别变化−54%、−48%、−48%,峰值处对应的孔径分别变化−9%、−24%、−24%;冷端温度为−10 ℃时,沿试样高度从上到下最大对数进汞增量分别变化−49%、−42%、−45%,峰值处对应的孔径分别变化−34%、−34%、−43%;冷端温度为−15 ℃时,沿试样高度从上到下最大对数进汞增量分别变化−23%、−27%、−25%,峰值处对应的孔径分别变化−53%、−53%、−53%。

上述变化中,最大对数进汞增量变化值正值代表冻融或压缩后的土样进汞增量变大,即在峰值孔径处孔隙体积增大,负值代表降低;峰值处对应的孔径变化值正值代表峰值处对应的孔径增大,负值代表减小。那么可以看出:不同冷端温度条件下冻融及压缩后,孔径-对数进汞增量曲线对应峰值处,最大进汞增量及对应孔径差异较大。特别是 4 种冷端温度冻融后,沿试样高度方向不同位置处试样孔径-对数进汞增量曲线所对应的峰值变化明显,主要是由不同温度梯度作用下冻结及水分迁移过程中复杂的水热迁移及相变机制引起。而对于冻融后的压缩土,在外荷载作用下峰值处对应的最大对数进汞增量均降低约 50%,而峰值处对应的孔径,除了冷端温度为−5 ℃时冻融后最上层土样表现为孔径略增大外,其余土样峰值处对应的孔径均较原状土减小。

实际上,压汞试验得到的表征孔隙体积分布的曲线除孔径-对数进汞增量($dV/dlg\ D$)曲线外,还有孔径-进汞增量(dV/dD)曲线,对于软黏土试样,选用前者对孔隙体积变化情况进行描述更能直观展现全尺度孔径范围的孔隙变化规律。

（4）孔径-累计孔隙表面积关系分析

图 4-18 至图 4-21 为各土样的孔径-累计孔隙表面积关系曲线，由前述压汞试验原理的沃什伯恩（Washburn）方程

$$Pr = -2\gamma\cos\theta \tag{4-7}$$

可得：

$$S\gamma|\cos\theta| = P\Delta V \tag{4-8}$$

$$dS = \frac{PdV}{\gamma|\cos\theta|} \tag{4-9}$$

式中，P 为外加压应力；θ 为土体与汞的接触角；γ 为汞的表面张力；V 为孔隙体积；S 为孔隙表面积。

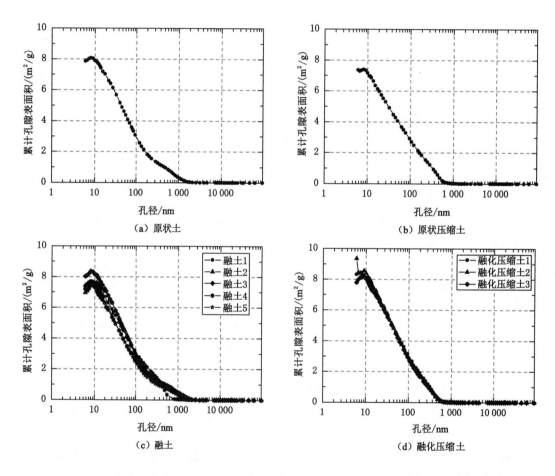

图 4-18　冷端温度为 $-5\ ℃$（Ⅰ）时土样冻融及压缩前、后孔径-累计孔隙表面积关系曲线

孔径与进汞压力为反相关关系，即进汞压力增大时孔径减小，越大的进汞压力才可以使汞进入越小的孔隙内，从而在结果曲线中显示为孔隙分布。从孔径-累计孔隙表面积关系曲线中可以看出：土样在孔径为 $10\sim10\,000$ nm 区间段内，试样的累计孔隙表面积曲线随着进汞压力的增大而上升较快，曲线较陡；在孔径为 $1\sim10$ nm 区间段内，试样的累计孔隙表面

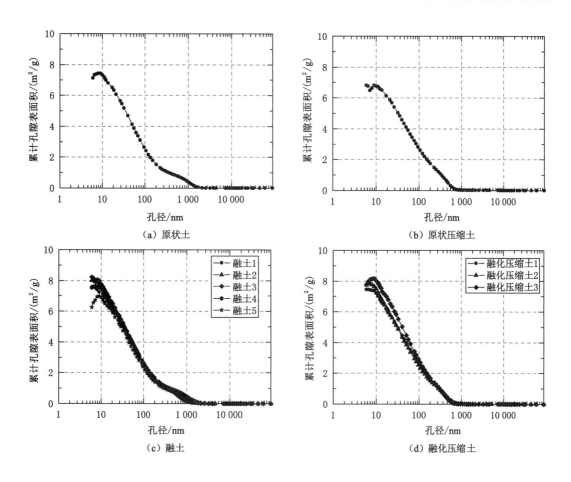

图 4-19   冷端温度为－7 ℃（Ⅱ）时土样冻融及压缩前、后孔径-累计孔隙表面积关系曲线

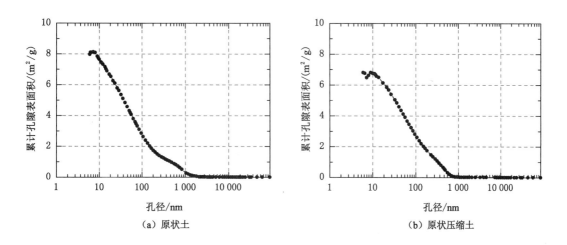

图 4-20   冷端温度为－10 ℃（Ⅲ）时土样冻融及压缩前、后孔径-累计孔隙表面积关系曲线

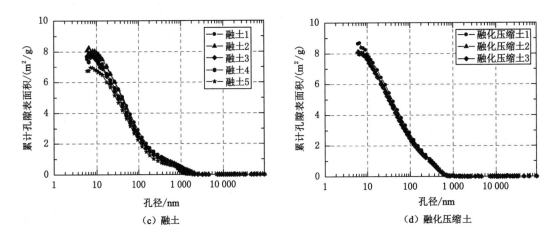

（c）融土　　　　　　　　　　　　　（d）融化压缩土

图 4-20（续）

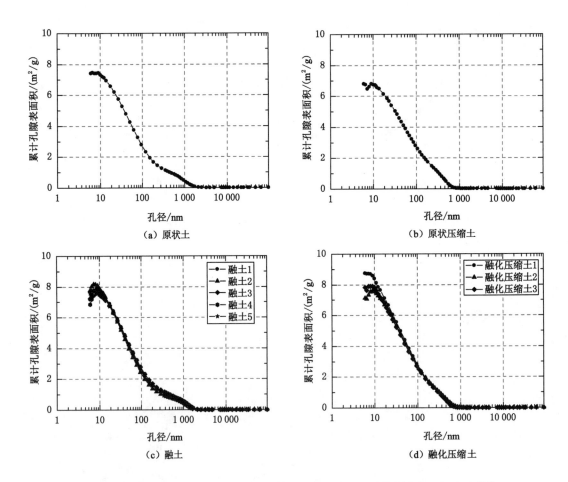

（a）原状土　　　　　　　　　　　　（b）原状压缩土

（c）融土　　　　　　　　　　　　　（d）融化压缩土

图 4-21　冷端温度为−15 ℃（Ⅳ）时冻融及压缩前、后孔径-累计孔隙表面积关系曲线

积曲线随着进汞压力的增大而略减小的趋势。

曲线在孔径 10 nm 附近出现拐点是因为压汞试验原理中 Washburn 公式对大孔的定量

分析很准确,但是对微孔和中孔的分析存在一定误差,因为 Washburn 公式假设孔隙为圆柱体,与软黏土真实孔隙特性存在一定的差异。另外,压汞试验假定测试样品表面光滑,但软黏土具有紊乱的絮凝状结构,表面凸凹不平,使毛细管压力增大,测试时将表面粗糙的大孔体积计入微孔体积内;对于墨水瓶形孔隙,会出现外表微孔连接内部中孔或大孔时,就把进入内部孔隙的汞计入小孔范围内[203]。本试验忽略这种误差,以最终孔隙表面积作为各状态下孔隙最终的表面积,下一章还将结合 SEM 图像对孔隙形状、孔隙连通度、孔隙分布进行定量分析,能够有效补充压汞试验产生的误差,准确、完整地描述软黏土从微孔到大孔径整个孔隙体系变化特征。

4.3.2　微观孔隙特性分析

本书对各种状态下的软黏土土样进行测试,根据上述得到的试验数据,可以分别统计出各试样总孔体积、总孔面积、中值孔径、平均孔径和孔隙率等(表 4-4)。

表 4-4　压汞试验结果数据表

冻结温度/℃	土样	总孔体积/(mL/g)	总孔面积/(m²/g)	中值孔径(体积)/nm	中值孔径(面积)/nm	平均孔径/nm	孔隙率/%
−5	原状土	0.39	7.86	685.1	66.7	198.9	50.51
	原状压缩土	0.27	7.35	346.1	62.5	145.0	41.37
	融土 1	0.33	7.41	416.5	74.7	175.6	46.07
	融土 2	0.39	6.66	721.6	81.8	224.7	50.96
	融土 3	0.43	8.03	853.7	63.3	213.5	53.03
	融土 4	0.39	7.19	834.8	59.4	214.8	50.47
	融土 5	0.40	7.32	1 119.2	57.4	219.0	51.29
	融化压缩土 1	0.27	8.31	300.3	60.6	131.7	41.84
	融化压缩土 2	0.27	9.35	290.5	47.5	114.8	41.30
	融化压缩土 3	0.25	7.79	278.0	63	129.2	39.98
−7	原状土	0.38	7.13	815.0	63.5	200.6	49.04
	原状压缩土	0.24	7.66	305.0	52.9	126.1	39.54
	融土 1	0.32	7.51	525.8	58	169.9	45.63
	融土 2	0.35	8.01	638.7	55.5	172.4	47.60
	融土 3	0.39	8.24	928.2	50.1	190.8	50.86
	融土 4	0.39	7.57	899.0	54.4	204.2	50.40
	融土 5	0.38	6.25	1 060.8	66.1	240.3	49.87
	融化压缩土 1	0.25	7.45	331.3	56.9	134.6	40.06
	融化压缩土 2	0.24	7.75	333.5	49.9	126.3	39.23
	融化压缩土 3	0.24	7.48	364.7	47.6	130.2	39.24

表 4-4(续)

冻结温度/℃	土样	总孔体积/(mL/g)	总孔面积/(m²/g)	中值孔径(体积)/nm	中值孔径(面积)/nm	平均孔径/nm	孔隙率/%
−10	原状土	0.41	7.96	783.0	58.1	204.5	52.49
	原状压缩土	0.30	6.80	417.2	70.8	177.7	42.93
	融土 1	0.34	7.51	588.8	66.8	181.1	47.33
	融土 2	0.39	8.08	849.5	56.0	194.0	50.60
	融土 3	0.37	7.71	951.4	49.9	194.2	49.52
	融土 4	0.40	7.66	1 031.0	54.8	208.1	51.32
	融土 5	0.37	6.75	1 355.0	56.6	219.3	49.39
	融化压缩土 1	0.27	8.63	319.5	50.4	123.3	41.34
	融化压缩土 2	0.25	8.13	314.3	50.2	122.2	39.56
	融化压缩土 3	0.24	8.08	313.6	46.8	119.2	38.79
−15	原状土	0.40	7.47	846.8	63.6	215.6	51.00
	原状压缩土	0.30	7.57	369.8	72.1	157.2	44.20
	融土 1	0.37	7.16	812.9	65.8	208.6	49.49
	融土 2	0.36	7.76	935.9	51.9	187.9	48.88
	融土 3	0.39	7.23	811.1	64.9	216.9	50.77
	融土 4	0.42	6.85	1 035.1	71.5	245.0	52.83
	融土 5	0.39	7.57	1 002.8	57.4	206.3	50.54
	融化压缩土 1	0.27	8.75	318.0	51.1	125.1	41.95
	融化压缩土 2	0.30	7.14	397.1	67.3	166.0	44.02
	融化压缩土 3	0.25	7.83	312.0	55.4	128.0	40.35

(1) 相对总孔体积

相对总孔体积即单位质量测试样品的所有孔隙体积之和,单位为 mL/g。由上述孔径与进汞增量的对应关系,孔体积的分布函数为:

$$D_V(r) = \frac{\mathrm{d}V}{\mathrm{d}r} \qquad (4\text{-}10)$$

式中,V 为进汞体积(总孔体积);r 为孔径。

对进汞体积分布函数积分即可计算总的进汞体积,即总孔体积:

$$V = \int_0^r D_V(r)\,\mathrm{d}r \qquad (4\text{-}11)$$

图 4-22 为 4 种不同冷端温度冻融及压缩前、后不同试样最终的相对总孔体积,可以看出 4 种条件下压缩后的原状土样与原状土相比,总孔体积明显减小,说明压缩作用下软黏土孔隙被压缩,部分孔隙湮灭。冻融后,沿试样高度方向最上层位置处的融土 1 总孔面积较原状土减小,4 种冷端温度条件下分别降低 17%(冷端温度为 −5 ℃冻融后)、15%(冷端温度为 −7 ℃冻融后)、12%(冷端温度为 −10 ℃冻融后)、7%(冷端温度为 −15 ℃冻融后)。整体上表现为冷端温度越低,试样上部总孔体积变化量越小。这是由于试样顶端位置在冻融

作用下出现冻融颈缩现象,上部的水分在温度梯度作用下向下迁移,上部土样在冻结锋面移动及水分迁移过程中受到负孔压作用,产生固结现象,部分孔隙收缩,或发生较大孔隙向微小孔隙的转化或微小孔隙的湮灭。这也从微观孔隙变化的角度验证了冻融颈缩现象的存在。冻融后的其余 4 层土样,总孔体积较原状土变化不大,且表现出随机的孔隙体积增大或减小,是因为在冻结锋面的移动过程中,产生水分迁移及冰透镜体,对原状土样结构产生扰动,发生水冰相变对原有孔隙的扩挤、部分孔隙的连通、大小微孔隙之间的转化等,过程复杂。对于冻融后的压缩土样,总孔体积相对于原状土变化较大,并且与原状压缩土相比也有所降低。与原状土总孔体积相比较,冷端温度为 -5 ℃时冻融及压缩后沿试样高度方向从上到下分别降低 30%、31%、36%;冷端温度为 -7 ℃时冻融及压缩后沿试样高度方向从上到下分别降低 34%、35%、36%;冷端温度为 -10 ℃时冻融及压缩后沿试样高度方向从上到下分别降低 35%、39%、41%;冷端温度为 -15 ℃时冻融及压缩后沿试样高度方向从上到下分别降低 31%、26%、37%。说明软黏土冻融后再受到外力作用时孔隙更容易被压缩,土体灵敏度提高。

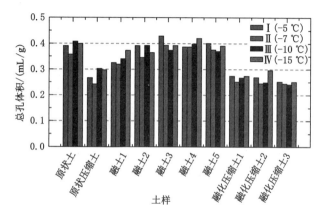

图 4-22　不同条件下的总孔体积

（2）相对总孔表面积

相对总孔表面积为单位质量测试样品的所有孔隙等效表面积之和,单位为 m²/g。由下式计算总孔表面积:

$$S = \frac{1}{\gamma |\cos \theta|} \int_0^V P \mathrm{d}V \qquad (4\text{-}12)$$

式中,γ、θ 分别为压汞试验汞的表面张力和接触角;P 为进汞压力;S 为测试样品的总孔表面积;V 为测试样品的孔体积。

图 4-23 为不同冷端温度冻融及压缩前、后不同试样最终的总孔表面积。从图中可以看出各种条件下与总孔体积变化相比,总孔表面积的变化范围较小,这是由于对于软黏土,无论是冻融作用还是外力作用下的固结,其内部孔隙的转化作用占优势,即大孔、中孔、小孔和微孔之间的相互转化导致孔隙体积产生较大变化,最终表现为孔隙体积变化较明显,而对孔隙表面积的影响较小。

（3）中值孔径

中值孔径也称为最可几孔径,即孔分布中某孔径对应的孔隙分布最集中的地方,是孔分

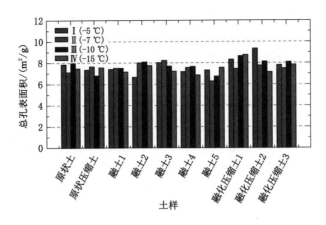

图 4-23 不同条件下的总孔表面积

布峰最高处对应的孔径,出现概率最大,可按以孔体积基准和以孔表面积基准计算。

图 4-24 和图 4-25 为各状态下土样孔体积分布和孔表面积分布的中值孔径,可以看出:孔体积对应的中值孔径变化较明显,与总孔体积变化相似,土样冻融及压缩后出现规律性变化。

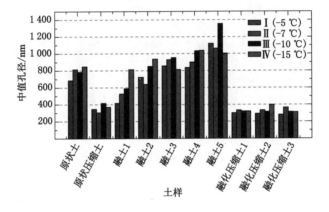

图 4-24 中值孔径(体积分布)

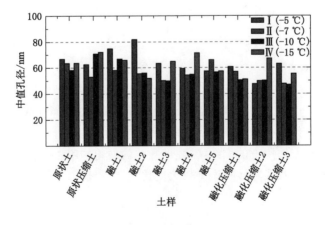

图 4-25 中值孔径(表面积分布)

原状土压缩后其孔体积中值孔径降低,4 组试样分别降低 49％、63％、47％和 56％,即原状软黏土经压缩后,其孔体积占多数的孔的孔径减小。对于融土,不同冷端温度条件下冻融后孔体积分布的中值孔径变化较大:当冷端温度为－5 ℃时,与原状土相比沿试样高度方向从上到下孔体积分布的中值孔径分别变化－39％、5％、25％、22％、63％;当冷端温度为－7 ℃时,与原状土相比沿试样高度方向从上到下孔体积分布的中值孔径分别变化－35％、－22％、14％、10％、30％;当冷端温度为－10 ℃时,与原状土相比沿试样高度方向从上到下孔体积分布的中值孔径分别变化－25％、8％、22％、32％、73％;当冷端温度为－15 ℃时,与原状土相比沿试样高度方向从上到下孔体积分布的中值孔径分别变化－4％、11％、－4％、22％、18％。对于压缩融土,当冷端温度为－5 ℃时,与原状土相比沿试样高度方向从上到下孔体积分布的中值孔径分别变化－56％、－58％、－59％;当冷端温度为－7 ℃时,与原状土相比沿试样高度方向从上到下孔体积分布的中值孔径分别变化 59％、－59％、－55％;当冷端温度为－10 ℃时,与原状土相比沿试样高度方向从上到下孔体积分布的中值孔径分别变化－59％、－60％、－60％;当冷端温度为－10 ℃时,与原状土相比沿试样高度方向从上到下孔体积分布的中值孔径分别变化－62％、－53％、－63％。其中正值代表冻融或压缩后孔体积分布的分布中孔体积分布的占多数的孔的孔径减小,正值代表孔径增大。这也反映了冻融及压缩后孔体积分布的的分布趋势是孔径的转化作用,即对于冻融试样上端及压缩后的土样,大孔隙转化为小孔隙,而靠近试样下端的土体大孔隙增多,土体本身的孔隙连通或被扩大。

对于孔表面积分布的中值孔径,相对于孔体积分布的分布的中值孔径来说各土样的变化相对较小。与相对总孔表面积分布规律类似,各状态下的土样孔表面积对应的中值孔径变化较随机,这与冻融或压缩过程中大孔、中孔、小孔和微孔之间的相互转化相关,即各类孔隙之间的转化虽然对孔隙体积影响较明显,但是对孔隙表面积影响相对较弱。

（4）平均孔径

平均孔径等于对应的总孔体积和对应的总孔比表面积相除的结果,由简单的柱状孔求得。

$$平均孔径 = k \cdot \frac{总孔体积}{总孔比表面积} \tag{4-13}$$

式中,k 为与所选孔模型形状相关的系数,本书中压汞试验假定孔隙为圆柱形孔,k 取 4,如果是平面板模型,k 取 2。

图 4-26 为土样的平均孔径分布情况,可以看出平均孔径分布变化规律与总孔体积变化规律类似:原状压缩土与原状土样相比,4 组试样压缩后平均孔径分别降低 27％、37％、13％、27％,即相对于原状土,压缩后的土体平均孔径减小。对于融土,冷端温度为－5 ℃时冻融后沿试样高度方向从上到下与原状土相比平均孔径分别变化－12％、13％、7％、8％、10％;冷端温度为－7 ℃时冻融后沿试样高度方向从上到下与原状土相比平均孔径分别变化－15％、－14％、－5％、2％、20％;冷端温度为－10 ℃时冻融后沿试样高度方向从上到下与原状土相比平均孔径分别变化－11％、－5％、－5％、2％、7％;冷端温度为－15 ℃时冻融后沿试样高度方向从上到下与原状土相比平均孔径分别变化－3％、－13％、1％、14％、－4％。而对于融土压缩后:冷端温度为－5 ℃时冻融压缩后沿试样高度方向从上到下与原状土相比平均孔径分别变化－34％、－42％、－35％;冷端温度为－7 ℃时冻融压缩后沿试样高度方向从上到下与原状土相比平均孔径分别变化－33％、－37％、－35％;冷端温度为

-10 ℃时冻融压缩后沿试样高度方向从上到下与原状土相比平均孔径分别变化-40%、
-40%、-42%;冷端温度为-15 ℃时冻融压缩后沿试样高度方向从上到下与原状土相比
平均孔径分别变化-42%、-23%、-41%。其中正值代表冻融或压缩后土样的平均孔径增
大,负值代表平均孔径减小。说明 4 种冷端温度冻融后靠近暖端位置土样平均孔径减小,即
所有孔隙趋于变小。而靠近下部冷端附近的土样冻融后平均孔径有所增大,即所有孔隙趋
于增大。压缩后的土样平均孔径均减小,且变化较大,说明压缩后孔隙朝微细孔发展。

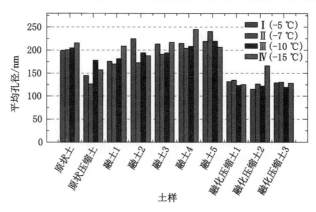

图 4-26　平均孔径分布情况

（5）孔隙率

孔隙率是描述土体孔隙特性的一个重要指标。孔隙率对土体宏观融沉变形、抗压强度、
抗剪强度等具有影响。通过压汞试验可以获得更为准确的样品孔隙率和不同状态下的变化
特征。

图 4-27 为各状态下土样孔隙率分布,可以看出原状土压缩后试样孔隙率降低,4 组
试样分别变化 18%、7%、18%、13%。对于融土,冷端温度为-5 ℃时冻融后沿试样高度
不同位置处从上到下与原状土相比分别变化-9%、1%、5%、0%、2%;冷端温度为-7℃
时冻融后沿试样高度不同位置处从上到下与原状土相比分别变化-7%、-3%、4%、
3%、2%;冷端温度为-10 ℃时冻融后沿试样高度不同位置处从上到下与原状土相比分
别变化-10%、-4%、-6%、-2%、-6%;冷端温度为-15 ℃时冻融后沿试样高度不同
位置处从上到下与原状土相比分别变化-3%、-4%、0%、4%、-1%。对于压缩融土,
冷端温度为-5 ℃时冻融压缩后沿试样高度不同位置处从上到下与原状土相比分别变化
-17%、-18%、-21%;冷端温度为-7 ℃时冻融压缩后沿试样高度不同位置处从上到
下与原状土相比分别变化-18%、-20%、-20%;冷端温度为-10 ℃时冻融压缩后沿试
样高度不同位置处从上到下与原状土相比分别变化-21%、-25%、-26%;冷端温度为
-15 ℃时冻融压缩后沿试样高度不同位置处从上到下与原状土相比分别变化-18%、
-14%、-21%。其原因:软黏土冻融后靠近试样暖端位置出现冻融颈缩,即土样收缩,
因此冻融后试样上端均表现为孔隙率降低。而影响孔隙率变化的因素中,除冻结冷端温
度外,还有冻融过程中在温度作用下产生的水分迁移对孔隙的破坏和各类孔隙之间的转
变。对于融后压缩土试样,其孔隙率均降低,且变化值较大,因为融土在经过一次冻融作
用后,在外加荷载作用下其更容易被压缩。

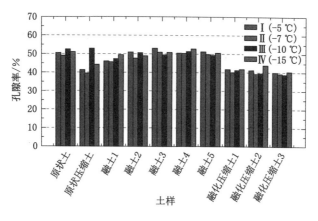

图 4-27　各状态下土样孔隙率分布

4.4　冻融软黏土微观孔隙变化特征

4.4.1　孔隙分类标准

土体的结构差异导致孔隙分布千差万别,用压汞法测试的孔隙尺度可以从几百微米至几纳米。D. Shear 等[204]、J. Kodikara 等[205]曾经对饱和土的孔隙分布进行了相关研究,给出了如图 4-28 所示孔隙分类界限:颗粒内孔隙的直径约小于 0.014 μm;颗粒间孔隙的直径为 0.014~1.8 μm;团粒内孔隙的直径为 1.8~70 μm;团粒间孔隙的直径为 70~4 000 μm,其中孔径超过 600 μm 的是宏观孔隙。按照上述孔隙分类界限,可以按孔隙体积百分含量大致划分样品的孔隙类型。然而在实际分析中,除了采用 Shear 建议的分类界限外,还需要根据样品的孔隙分布特征曲线中各曲线段斜率的变化特征,将孔隙具体划分为数个区段[79,206-208]。

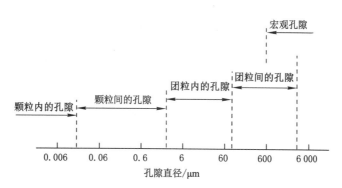

图 4-28　Shear 建议的孔隙分类的直径界限示意图

本书基于现有的土体孔隙划分研究以及软土颗粒小、孔隙小的特点[209],统计本研究中各条件下原状土和冻融及压缩前、后共计 40 组压汞试验的孔隙分布特征(图 4-29),并结合实测的孔隙分布特征,将软土中孔隙划分为以下 4 种类型(表 4-5):

表 4-5　孔隙类型划分

孔隙类型	孔径范围/nm	细分种类
大孔隙	$d \geqslant 1\,000$	团粒集合体间孔隙、团粒间孔隙
中孔隙	$200 \leqslant d < 1\,000$	团粒内孔隙、颗粒间孔隙
小孔隙	$30 \leqslant d < 200$	颗粒间孔隙、颗粒内孔隙
微孔隙	$d < 30$	颗粒间孔隙、颗粒内孔隙

（1）大孔隙（直径 $d \geqslant 1\,000$ nm）

软黏土大孔隙主要由孤立孔隙、部分连通的团粒集合体间孔隙及颗粒间孔隙组成，该类孔隙中除结合水以外，富含大量的自由水。其中孤立孔隙对土的孔隙性和压缩性影响较大，连通的粒间孔隙易形成渗流通道，从而对土的渗透固结特性影响较为明显。

（2）中孔隙（200 nm $\leqslant d <$ 1 000 nm）

该类孔隙含有部分团粒内孔隙，并以颗粒间孔隙为主，孔隙中以自由水为主，中孔隙数量较多，连通性一般大于大孔隙，对土体的压缩性和冻融特性有一定的影响。

（3）小孔隙（30 nm $\leqslant d <$ 200 nm）

小孔隙主要为颗粒间的孔隙，部分为颗粒内的孔隙对于软黏土，此类孔隙对土的压缩起主导作用。

（4）微孔隙（$d < 30$ nm）

微孔隙主要由部分颗粒间孔隙和粒内孔隙构成，粒内连通性较好，但粒间连通性较差。

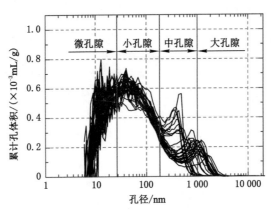

图 4-29　孔隙类型划分示意图

4.4.2　孔隙分布特征

表 4-6 给出了软黏土各状态下土样压汞测试所得的孔隙分布情况，由 4 组原状土试样测试结果可知：对于原状软黏土，4 组试样中，大孔隙分别占 3.8%、5.3%、3.0%、7.2%；中孔隙分别占 17.5%、14.7%、13.9%、19.8%；小孔隙分别占 49.2%、45.4%、48.3%、42.7%；微孔隙分别占 29.4%、34.6%、34.7%、30.3%。可以看出：对于软黏土，小孔隙和微孔隙占多数，即主要为颗粒间孔隙和颗粒内孔隙。4 组原状土数据中，4 类孔隙的分布差异较小，表明软黏土自然状态下初始结构较均匀，孔隙结构分布一致。

表 4-6　各状态下土样压汞测试孔隙分布　　　　　　　　单位:%

冻结冷端温度/℃	土样	大孔隙 ($d \geqslant 1\,000$ nm)	中孔隙 (200 nm$\leqslant d <$1 000 nm)	小孔隙 (30 nm$\leqslant d <$200 nm)	微孔隙 ($d <$30 nm)
−5	原状土	3.8	17.5	49.2	29.4
	原状压缩土	0.2	21.8	39.7	38.3
	融土 1	0.3	25.8	44.8	29.1
	融土 2	4.8	19.5	59.4	16.3
	融土 3	5.4	17.3	46.7	30.6
	融土 4	4.9	19.1	39.5	36.6
	融土 5	6.2	16.3	56.5	21
	融化压缩土 1	0.1	20.6	40.1	39.2
	融化压缩土 2	0.1	21.0	45.6	33.3
	融化压缩土 3	0.1	17.8	43.5	38.6
−7	原状土	5.3	14.7	45.4	34.6
	原状压缩土	0.1	19.0	39.4	41.5
	融土 1	1.3	19.7	41.6	37.4
	融土 2	3.0	14.7	43.1	39.2
	融土 3	3.8	13.3	38.7	44.2
	融土 4	5.0	13.8	41.5	39.8
	融土 5	5.8	11.6	46.5	36.0
	融化压缩土 1	0.1	20.3	43.0	36.6
	融化压缩土 2	0.1	17.0	40.9	42.0
	融化压缩土 3	0.2	18.0	35.5	46.3
−10	原状土	3.0	13.9	48.3	34.7
	原状压缩土	0.3	23.6	50.6	25.5
	融土 1	2.1	23.3	40.1	34.5
	融土 2	6.5	16.3	40.9	36.3
	融土 3	8.4	14.6	38.2	38.8
	融土 4	8.4	12.8	37.3	41.5
	融土 5	9.1	11.5	45.9	33.5
	融化压缩土 1	0.1	20.1	36.9	42.8
	融化压缩土 2	0.2	20.8	37.1	41.9
	融化压缩土 3	0.1	14.9	40.7	44.3

表 4-6(续)

冻结冷端温度/℃	土样	孔隙尺度分布/nm			
		大孔隙 ($d \geqslant 1\,000$ nm)	中孔隙 (200 nm$\leqslant d <$1 000 nm)	小孔隙 (30 nm$\leqslant d <$200 nm)	微孔隙 ($d <$30 nm)
−15	原状土	7.2	19.8	42.7	30.3
	原状压缩土	0.2	27.5	46.1	26.2
	融土 1	3.7	16.4	44.8	35.0
	融土 2	6.9	12.9	40.8	39.4
	融土 3	7.1	20.7	42.2	30.1
	融土 4	9.8	15.6	43.5	31.1
	融土 5	7.9	13.9	42.9	35.3
	融化压缩土 1	0.2	21.8	38.7	39.3
	融化压缩土 2	0.3	26.2	35.3	38.2
	融化压缩土 3	0.1	17.5	36.7	45.6

(1) 冻融前、后孔隙分布特征

图 4-30 为 4 种冷端温度时冻融后沿试样高度不同位置处土样各类孔隙的分布及变化情况。总体来看,冻融前、后土体中都是小孔隙和微孔隙占主导地位,与软黏土本身的孔隙结构和较小的组成颗粒有关。根据上述分析可知:土体在温度梯度作用下冻融后在相变过程中发生土颗粒聚集、离散或移动等,土体内部颗粒间的孔隙和团粒内的孔隙也发生了膨胀、收缩、贯通等。

与原状土孔隙分布类似,冻融后的土样孔隙主要包括微孔($d <$30 nm)、小孔(30 nm$\leqslant d <$200 nm)和中孔(200 nm$\leqslant d <$1 000 nm),占总孔分布的 95% 以上,且孔隙分布最多的是小孔(30 nm$\leqslant d <$200 nm)。不同冷端温度冻融后及相同冷端温度冻融距离冷端不同位置处的土样的孔隙分布表现出一定的差异性:

① 对于冷端温度−5 ℃冻融后,最上层融土 1 试样冻融后大孔隙与原状土相比减少,趋于湮灭;中孔隙有所增加,小孔隙和微孔隙也有所减少;即对于融土 1,经过冻融后试样内的孔隙变化趋势为大孔隙湮灭转化为中孔隙,小孔隙和微孔隙发生贯通,形成孔径稍大的中孔隙。对于其他 4 层土样,大孔隙与原状土相比有所增加,中孔隙基本不变,小孔隙和微孔隙范围内的变化较大,但 4 层土的变化较离散,整体呈现小孔隙和微孔隙增加的趋势。

② 对于冷端温度−7 ℃冻融后,最上层融土 1 试样的大孔隙也减少较多,但最终的大孔隙比−5 ℃冻融后的多,同样中孔隙也增加,小孔隙减少,微孔隙增加,但小孔隙和微孔隙的相对变化量较小;对于其他 4 层土样,整体上表现为大孔隙、中孔隙和小孔隙都有所减少,微孔隙有所增加,但变化量较小。

③ 对于冷端温度−10 ℃冻融后,最上层融土 1 试样大孔隙减少,中孔隙增加,小孔隙和

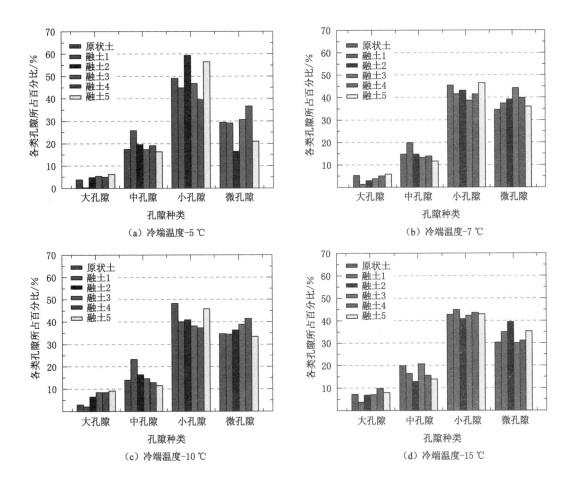

(a) 冷端温度-5 ℃　　　　　　　　(b) 冷端温度-7 ℃

(c) 冷端温度-10 ℃　　　　　　　　(d) 冷端温度-15 ℃

图 4-30　冻融前、后孔隙分布变化

微孔隙略减少;其他 4 层土样中大孔隙有所增加,中孔隙、小孔隙和微孔隙变化较离散。

④ 对于冷端温度-15 ℃冻融后,各土样的孔隙变化相对较离散,但是可以从总体上看出其变化量较小。

对比 4 组试验,对于冻融后的最上层融土 1,可以看出随着冷端温度的降低,其大孔的变化量越小,换而言之,冷端温度较高,冻融后其大孔隙趋于湮灭,结合第 3 章对土样上部出现冻融颈缩现象的研究,各类孔隙的变化更能为解释其机理提供有力依据。

(2) 压缩前、后孔隙分布特征

4 组冻融试验后沿试样高度不同位置处取样进行压缩试验,图 4-31 为各试样的孔隙分布变化情况,可以看出:各类试样压缩后,其大孔隙已经完全消失,与原状土相比其中孔隙呈增加的趋势,小孔隙减少,而微孔隙增加,且 4 种情况下变化基本一致。与原状压缩土相比,冻融土压缩后小孔隙和微孔隙的变化量更大,主要是冻融作用对土体结构扰动所致。

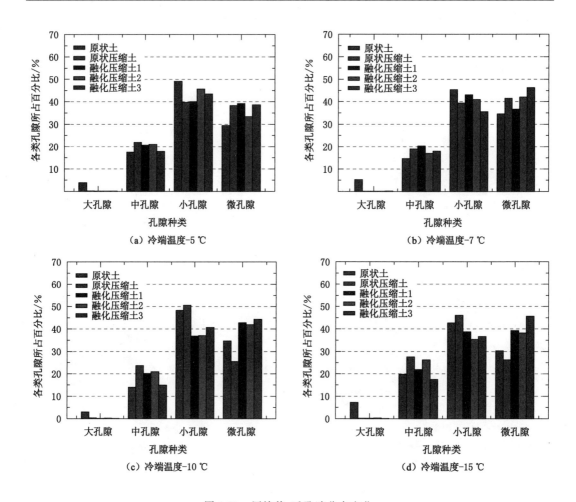

图 4-31　压缩前、后孔隙分布变化

4.5　冻融软黏土微观孔隙分形特性

4.5.1　分形理论简介

分形最早由数学家 Benoit B. Mandelbrot 提出,用来解释无标度、复杂和混沌现象[210]。分形理论的数学基础是分形几何学,其最基本特点是从分数维度的视角和采用数学方法描述和研究客观事物,更加符合客观事物的多样性与复杂性。分维又称为分形维或分数维,作为分形的定量表征和基本参数,是分形理论的又一重要原则[211]。

(1) Hausdorff 维数

将分形看作嵌置于欧式空间的点集,为测量点集大小和确定其维数,最典型的方法就是用分形元去覆盖它。例如一条有限长的曲线可用线元 δ 去覆盖它,且用 $N(\delta)$ 次覆盖便耗尽了整个线段,则:

$$L = N(\delta)\delta \xrightarrow{\delta \to 0} L_0\delta^0 \tag{4-14}$$

显然，当 $\delta \to 0$ 时，L_0 便代表曲线段 L 的长度。如果用 δ^2 的面元和 δ^3 的体元去覆盖它，则可在形式上写出与 L 相联系的面积和体积的大小分别为：

$$L_A = N(\delta)\delta^2 \xrightarrow{\delta \to 0} L_0\delta^1 \tag{4-15}$$

$$L_V = N(\delta)\delta^3 \xrightarrow{\delta \to 0} L_0\delta^2 \tag{4-16}$$

显然，对于一条曲线来说，它的面积和体积均为 0。

Hausdorff 维数与数学上的测度概念有关。设想一个由三维空间内具有有限大小的点组成的集合，N 为用来覆盖这个集合内所有点所需半径为 R 的球体的最少个数，则这个最小数 N 是 R 的一个函数，记作 $N(R)$。显然 R 越小，N 越大。假设 $N(R)$ 和 R^D 之间存在反比的关系，可将这个关系记作：

$$N(R) \sim \frac{1}{R^D} \tag{4-17}$$

当 R 趋于 0 时，可以得到：

$$D = -\lim_{R \to 0} \lg N \tag{4-18}$$

这里的 D 就是这个集合的豪斯多夫维。

实际上豪斯多夫维的计算需要提到其严格的数学定义，其中关键是 Hausdorff 外测度。令 (X, d) 为一个度量空间，E 为 X 的一个子集，定义

$$H_\delta^d(E) = \inf\left\{ \sum_{i=1}^{\infty} (\operatorname{diam} U^i)^d : \bigcup_i U_i \supseteq E, \operatorname{diam} U^i < \delta \right\} \tag{4-19}$$

并且 E 能被集族 $(A_j)_k$ 覆盖。则 E 的 Hausdorff 外测度定义为：

$$H^D(E) = \lim_{R \to 0} H_\delta^D(E) \tag{4-20}$$

那么 Hausdorff 维被定义为 Hausdorff 外测度从 0 变为非 0 值跳跃点对应的 s 值。其严格定义为：

$$\dim_H E = \inf\{s : H^s(E) = 0\} = \sup\{s : H^s(E) = \infty\} \tag{4-21}$$

Hausdorff 维为对不规则物体的描述提供了数学依据。Hausdorff 维是一种能够精确测量复杂集（分形）维数的方法，其数学定义非常严密。

（2）相似维数

通常具有严格自相似结构的图形都有一个共同点，即在其缩放的比例因子和整体所分成的小部分个数之间总存在某种关系。

$$N(r) = r^{-D} \tag{4-22}$$

对其两边取对数可以得到：

$$D = \frac{\lg N(r)}{\lg \dfrac{1}{r}} \tag{4-23}$$

式中，D 既可以是整数，也可以是分数。

由此引出相似维数的定义：如果一个分形对象 A（整体）可以划分为 $N(A, r)$ 个同等大小的子集（局部单元），每一个子集以相似比 r 与原集合相似，则分形集 A 的相似维数 D_s 定义为：

$$D_s = \lim_{r \to 0} \frac{\lg N(A, r)}{\lg \dfrac{1}{r}} = -\lim_{r \to 0} \frac{\lg N(A, r)}{\lg r} \tag{4-24}$$

相似维数 D_S 主要用于具有自相似性质的规则分形几何图形,习惯将相似维数是分数的对象当成分形,并将其值 D_S 称为分布分维,一般用 D 表示。对于自然界中广泛存在的随机图形的分形,还需另外的维数定义。此外,拓扑维数 D_T、相似维数 D_S 以及 Hausdorff 维数 D_H 之间的关系为: $D_T \leqslant D_H \leqslant D_S$,并且通常认为 $D_H = D_S$。

(3) 盒计数维数

计数维数盒的定义:设 A 是 R^n 空间的任一非空有界子集,对于任意的一个 $r > 0$,$N_r(A)$ 表示用来覆盖 A 所需要边长为 r 的 n 维立方体(盒子)的最小数目。如果存在一个数 d,使得 $r \to 0$ 时有:

$$N_r(A) \propto \frac{1}{r^d} \tag{4-25}$$

那么 d 为 A 的盒计数维数(简称盒维数)。值得注意的是,盒维数为 d,当且仅当存在一个正数 k 使得:

$$\lim_{r \to 0} \frac{N_r(A)}{1/r^d} = k \tag{4-26}$$

由于上述方程的两边都为正,因此可以对方程两边取对数,得:

$$\lim_{r \to 0} [\lg N_r(A) + d \lg r] = \lg k \tag{4-27}$$

进一步可以求得:

$$d = \lim_{r \to 0} \frac{\lg k - \lg N_r(A)}{\lg r} \tag{4-28}$$

舍去 $\lg k$ 这一常数项,当 $r \to 0$ 时,分母趋于无穷大。另外,由于 $0 < r < 1$,$\lg r$ 为负数,所以 d 为正值。通常用 D_b 表示盒维数。

在实际计算中,可以根据需要使用一些边长为 r 的维立方体(盒子),来计算除不同 r 值的盒子覆盖 A 的个数 $N_r(A)$,然后再以 $-\lg r$ 为横坐标、以 $\lg N_r(A)$ 为纵坐标的双对数坐标系中描出点 $(-\lg r_i, \lg N_{ri}(A))$,最后由这些分布点的斜率可以估算集合 A 的盒维数。而斜率的估计常采用最小二乘线性回归方法。

4.5.2 冻融软黏土微观孔隙特征分形模型

根据分形模型的数学定义和生成过程,可将分形模型分为三类,即降维生成型、质量守恒型和升维生成型。其中,Sierpinski 垫片模型是降维生成型分形模型,Turcotte's 立方体模型是质量守恒型分形模型,而 Koch 曲线模型是升维生成型分形模型。不同构造方式以及由此计算得到的不同分布分维,可用于描述土体显微结构的不同特性。

针对冻融软黏土压汞测试所得的微观孔隙变化特征,由图 4-14 至图 4-17 所示对数孔体积与孔径之间的关系,对各孔径下的对数孔体积进行积分,即可得到累计对数孔体积与孔径之间的关系。图 4-32 为软黏土原状土样的孔径-累计对数孔体积关系曲线,研究发现土体的孔体积分布具有分形特性。

对于孔体积分布的分形特性,首先要明确其自相似区间,结合上述对土体孔隙的分类,当土体孔径 $d < 3\,000$ nm 时,其孔隙比例超过 95%,且涵盖了所划分的微孔、小孔、中孔和大孔的范围,故研究 $0 \sim 3\,000$ nm 范围内的孔隙分形特性。以 $\ln d$ 为横坐标,该孔径下孔体积自然对数 $\ln V(d)$ 为纵坐标,求得回归直线,取直线斜率为分布分维。线性回归时当试验

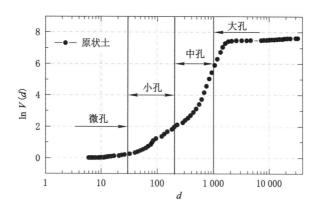

图 4-32　原状土样孔径-累计对数孔体积关系曲线

点个数大于 10 时,相关系数大于 0.95 时为高度相关,说明相关性很好。分布分维越大,孔体积的分布越不均匀,小孔隙孔体积越大。

如图 4-33 所示,以原状土样为例绘制 $\ln V(d)$-$\ln d$ 关系曲线,可以看出在 $d < 3\,000$ nm 范围内线性关系较好,采用最小二乘法对此区域范围内的点进行线性拟合,可以得到:

$$\ln V(d) = 4.34\ln d - 3.15 \tag{4-29}$$

其相关指数 $R^2 = 0.98$,说明其线性关系较好。其孔体积分布维数为 4.34。

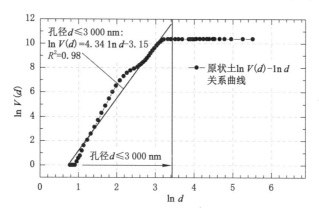

图 4-33　原状土总孔体积分布分维计算

因此,利用盒计数维数定义软黏土孔体积分布分维:

$$D_V = \lim_{d \to 0} \frac{\ln V(d)}{\ln d} \tag{4-30}$$

那么对 $\ln V(d)$-$\ln d$ 关系曲线中的直线段进行拟合:

$$\ln V(d) = D_V \ln d + \delta \tag{4-31}$$

式中,D_V 为孔体积分布分维。

4.5.3　总孔体积分布分维

自 S. W. Tyler 等[115]在土体结构研究中引入分形理论,众多学者在岩土介质颗粒或孔隙数量分布、质量分布、体积分布、颗粒表面积及颗粒轮廓线等方面分别进行了大量的分形研究[212-213],在非冻融土微观结构研究方面已取得了丰硕的成果。分形特征通常用分布分维表示,通过分布分维 D 来定量描述不同分形图形的复杂度及不规则度,D 越大,细节越丰富。

根据上述对孔体积分布的分维计算方法,各状态下土样孔隙直径 $d<3\,000$ nm,即 $(0,3\,000\ \text{nm})$ 区间内的孔隙占所有孔隙的 95% 以上,且覆盖了 4.4 节对孔隙分类中的全部微孔、小孔、中孔和部分大孔,因此取此区间作为总孔体积分布的自相似区间,以研究总孔体积分布分维变化情况。

按照式(4-31)基于盒计数维数的孔体积分布分维计算方法,对不同状态下土样直径在 $(0,3\,000\ \text{nm})$ 区间内的孔隙体积分布利用最小二乘法进行线性拟合,如果其存在较好的线性关系,即对数孔体积分布存在自相似区间内的直线段,那么就可获得其总孔体积分布分维 D_V。表 4-7 为各土样在 $(0,3\,000\ \text{nm})$ 孔径区间内 $\ln V(d)$-$\ln d$ 关系曲线中的直线段进行线性拟合的参数计算。

表 4-7 总孔体积分布分维计算

土样	I（−5 ℃）			II（−7 ℃）			III（−10 ℃）			IV（−15 ℃）		
	D_V	δ	R^2	D_V	δ	R^2	D_V	δ	R^2	D_V	δ	R^2
原状土	4.27	−7.42	0.93	4.30	−4.90	0.95	4.55	8.42	0.94	4.34	−3.15	0.98
原状压缩土	6.20	−4.06	0.96	7.40	−4.49	0.95	6.94	−5.80	0.96	4.78	−4.66	0.97
融土 1	6.44	−5.44	0.97	6.64	−4.24	0.96	4.92	−4.43	0.97	4.43	−4.65	0.95
融土 2	7.31	−7.44	0.96	6.81	−3.87	0.94	4.61	−3.11	0.96	4.55	−3.63	0.94
融土 3	7.35	−5.68	0.96	7.02	−3.26	0.93	4.33	−2.64	0.95	4.36	−4.11	0.98
融土 4	6.40	−4.36	0.96	6.86	−4.17	0.94	4.27	−2.52	0.96	4.25	−4.87	0.97
融土 5	6.24	−4.44	0.95	6.30	−5.73	0.94	3.72	−2.94	0.94	4.34	−3.42	0.96
融化压缩土 1	7.33	−4.23	0.95	7.05	−4.78	0.96	5.03	−2.23	0.95	5.32	−3.11	0.95
融化压缩土 2	8.06	−5.64	0.95	7.46	−4.51	0.94	4.69	−2.33	0.95	5.69	−5.12	0.96
融化压缩土 3	7.94	−5.86	0.94	6.61	−3.27	0.93	6.50	−4.13	0.92	5.65	−3.58	0.94

从表 4-7 可以看出:各状态下的土样,在 $0<d<3\,000$ nm 范围内,$\ln V(d)$-$\ln d$ 分布均存在良好的线性段($R^2>0.92$),因此研究其总孔体积分布分维对获得不同孔径下孔体积分布的孔径及孔体积变化具有重要意义。显然,孔径分维的大小可以反映不同粒径的孔隙数目分布的变化情况。D_V 越大,孔隙均一化程度越低,孔隙间尺寸相差较大,越具有大小混杂的特点。

图 4-34 为 4 种冷端温度冻融前、后不同状态下土样的总孔体积分布分维 D_V 的变化情况。可以看出:未冻融的原状土和原状压缩土,其 4 组试验 D_V 分布基本一致,说明在未经扰动或相同的外力作用下,软黏土孔隙的转化规律一致。即上述分析中提到,在冻融或压缩作用下不同孔径之间孔隙的转化。如在压缩试验中,附加荷载作用下,土样原有孔径较大的孔隙会被压缩而导致孔隙孔径减小,但同时存在小孔隙之间连通或贯通形成狭长的或更大的孔隙。

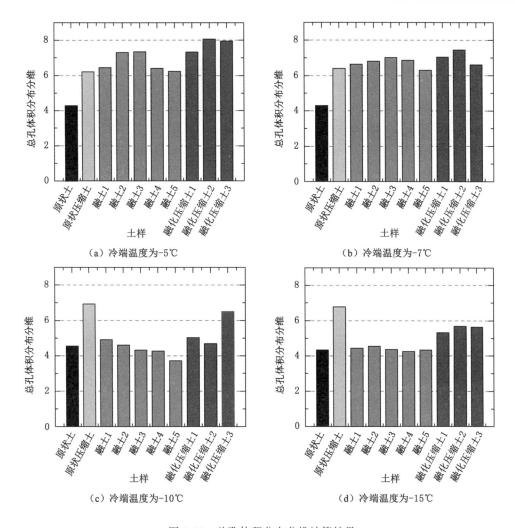

图 4-34　总孔体积分布分维计算结果

原状土经压缩后,其总孔体积分布分维 D_V 变化较明显,4 组试样分别增大 45%、49%、53%、56%。原状压缩土 4 组试样的孔体积分布分维 D_V 变化较均匀,平均增大 50%,说明压缩作用下各孔径下的孔隙相互之间的转化水平较一致,压缩后孔隙均一化程度降低,即孔隙的尺寸相差变大,各类孔径对应的孔隙转化更明显。

融土不同状态及距离冷端不同位置处的差异较大,与原状土相比,冷端温度为 -5 ℃时冻融后沿试样高度不同位置处从上到下 D_V 分别变化 51%、71%、72%、50%、46%;冷端温度为 -7 ℃时冻融后沿试样高度不同位置处从上到下 D_V 分别变化 54%、58%、63%、60%、47%;冷端温度为 -10 ℃时冻融后沿试样高度不同位置处从上到下 D_V 分别变化 8%、1%、-5%、-6%、-18%;冷端温度为 -15 ℃时冻融后沿试样高度不同位置处从上到下 D_V 分别变化 2%、5%、1%、-2%、0%。可以看出:冻融后的土样,冷端温度为 -5 ℃和 -7 ℃时,D_V 增大,且变化较大,说明当冷端温度较高时冻融后,各孔径对应的孔隙体积均一化程度降低,孔径较大的孔隙和孔径较小的孔隙之间的转化作用更明显。而当冷端温度为 -10 ℃和 -15 ℃时,D_V 主要呈减小趋势,与冷端温度较高的情况相反,这是由于在冷端温度较低冻结时,冻结锋面发展较快,水分迁移量相对较小,主要以原位水的冻结为主,即土骨架孔隙中原有的水发生相变而体积膨胀,这时较大的孔隙膨胀作用占主导作用,即孔径较大的孔隙在冰水相变情况下扩挤变得更大,而小的孔隙在大孔隙相变膨胀过程中被挤压呈减小趋势。

融化压缩土与原状土相比,冷端温度为$-5\ ℃$时冻融后沿试样高度不同位置处从上到下 D_V 分别变化 71%、88%、86%;冷端温度为 $-7\ ℃$ 时冻融后沿试样高度不同位置处从上到下 D_V 分别变化 64%、74%、54%;冷端温度为 $-10\ ℃$ 时冻融后沿试样高度不同位置处从上到下 D_V 分别变化 11%、3%、43%;冷端温度为 $-15\ ℃$ 时冻融后沿试样高度不同位置处从上到下 D_V 分别变化 23%、31%、30%。可以看出 4 种冷端温度冻融压缩后的 D_V 较原状土均增大,主要是冻融和压缩作用使孔隙的分布发生较大的变化,但 4 种冷端温度条件下表现出较大的差异。当冷端温度为 $-5\ ℃$ 和 $-7\ ℃$ 时,D_V 变化较大,根据上述对融土的分析,加之压缩作用,土体孔径较大的孔隙和较小的孔隙之间转化更明显,即孔隙均一化程度相对于原状土更低。而当冷端温度为 $-10\ ℃$ 和 $-15\ ℃$ 时,由于冻融对土体的 D_V 影响相对较小(出现 D_V 降低的情况),而后的压缩作用叠加,势必比冷端温度较高的情况变化更弱。

4.5.4 各类孔隙分布分维

由前述对 0~3 000 nm 孔径范围内的总孔体积分布分维,结合 4.4 节对不同孔径下的孔隙分类,可知对于占总孔隙绝大多数的微孔、小孔和中孔,三者的孔体积分布 $\ln V(d)$-$\ln d$ 关系曲线也有较好的线性段,如图 4-35 所示。结合上述对总孔体积分布的定义,可按照孔隙划分定义微孔孔体积分布分维 D_{Va}、小孔孔体积分布分维 D_{Vb}、中孔孔体积分布分维 D_{Vc},其计算方式同式(4-30)。值得一提的是,此处不考虑大孔隙的分布,因为其主要是团粒集合体间孔隙和团粒间孔隙,且对应的孔体积占总体积的比例很小,小于10%,因此主要考虑中孔、小孔和微孔在冻融及压缩作用下的各类孔隙对应的孔体积之间的相互转化。

按照上述对孔体积分布分维的定义,首先应明确其分形特性的自相似区间,那么按照孔径对孔隙类型的划分,微孔孔体积分布分维对应的自相似区间为(0,30 nm);小孔孔体积分布分维对应的自相似区间为(30 nm,200 nm);中孔孔体积分布分维对应的自相似区间为(200 nm,1 000 nm)。这三类孔隙对应的 $\ln V(d)$-$\ln d$ 关系曲线中数据点数均大于 10,满足利用最小二乘法寻找其线性段线性关系的要求。

利用式(4-31)对各类孔隙孔径范围内的 $\ln V(d)$-$\ln d$ 曲线段进行计算,即可获得其孔体积分布分维。图 4-35 为原状土的三类孔体积分布分维的计算示例,在原状土的 $\ln V(d)$-$\ln d$ 对应关系曲线中,分别取相应孔径范围内的曲线段进行线性拟合,可得:

微孔:

$$\ln V(d) = 5.33\ln d - 4.57 \tag{4-32}$$

小孔:

$$\ln V(d) = 5.23\ln d - 4.04 \tag{4-33}$$

中孔:

$$\ln V(d) = 3.06\ln d + 0.35 \tag{4-34}$$

可见其线性关系较好,相关指数 $R^2 > 0.96$。说明原状土微孔、小孔和中孔的孔体积分布均具备分形特性,计算所得的微孔孔体积分布分维 $D_{Va} = 5.33$、小孔孔体积分布分维 $D_{Vb} = 5.23$、中孔孔体积分布分维 $D_{Vc} = 3.06$。

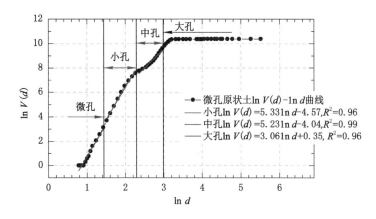

图 4-35　原状土孔分布分维计算示意图

表 4-8 为 4 种冷端温度冻融及压缩前、后各状态下土样微孔、小孔和中孔孔体积分布分维计算的数据,可以发现各状态下 R^2 均大于 0.90,说明其孔体积分布的 $\ln V(d)$-$\ln d$ 曲线的线性段线性关系较好,孔体积分布分维有效。

表 4-8　各土样孔分布分维计算数据

冷端温度/℃	土样	微孔			小孔			中孔		
		D_{Va}	δ	R^2	D_{Vb}	δ	R^2	D_{Vc}	δ	R^2
−5	原状土	5.33	−0.30	0.90	7.29	−3.39	0.98	3.15	−10.38	0.92
	原状压缩土	11.28	−7.97	0.95	6.90	−4.50	1.00	4.81	0.43	0.92
	融土 1	7.57	−7.18	0.93	7.29	−6.38	0.99	5.76	−2.85	0.87
	融土 2	8.19	−9.39	0.98	11.01	−13.72	1.00	3.63	3.06	1.00
	融土 3	9.49	−8.90	0.93	8.85	−7.18	0.99	3.60	4.70	0.99
	融土 4	9.58	−8.56	0.94	7.45	−5.08	0.99	3.67	3.12	0.98
	融土 5	8.58	−7.78	0.97	8.57	−7.67	1.00	2.29	6.52	0.99
	融化压缩土 1	12.33	−10.43	0.97	7.83	−3.93	0.99	5.23	2.28	0.85
	融化压缩土 2	10.99	−9.66	0.93	9.95	−8.30	0.99	5.36	2.60	0.88
	融化压缩土 3	12.20	−11.44	0.95	9.53	−7.47	1.00	4.59	4.06	0.89
−7	原状土	6.01	−7.51	0.96	8.74	−8.28	0.99	2.95	4.33	0.99
	原状压缩土	11.26	−9.58	0.99	8.37	−5.14	0.99	4.74	3.39	0.85
	融土 1	9.37	−7.88	0.98	8.15	−6.16	1.00	4.69	1.40	1.00
	融土 2	9.80	−8.08	0.99	8.68	−5.84	0.99	3.42	5.63	0.99
	融土 3	12.11	−9.77	0.98	8.51	−4.34	0.99	2.89	8.10	0.99
	融土 4	11.43	−10.05	0.94	7.55	−3.77	0.98	3.02	6.28	0.99
	融土 5	9.64	−10.51	0.98	8.63	−8.74	0.99	2.33	5.27	0.99
	融化压缩土 1	10.74	−9.66	0.99	8.55	−6.74	1.00	5.05	1.27	0.92
	融化压缩土 2	11.83	−10.28	0.99	8.60	−5.23	1.00	4.32	4.52	0.96
	融化压缩土 3	12.95	−10.97	0.97	6.73	−2.02	0.99	4.19	3.70	0.98

表 4-8(续)

冷端温度 /℃	土样	微孔			小孔			中孔		
		D_{Va}	δ	R^2	D_{Vb}	δ	R^2	D_{Vc}	δ	R^2
−10	原状土	6.36	−5.96	0.98	7.25	−9.82	0.99	3.22	−0.37	0.88
	原状压缩土	12.65	−10.66	0.99	8.85	−10.75	0.98	4.92	8.78	0.99
	融土 1	7.00	−7.02	0.94	5.83	−5.16	0.99	3.92	−1.58	0.94
	融土 2	6.43	−5.55	0.97	5.60	−3.85	0.98	2.81	1.86	0.95
	融土 3	7.47	−6.45	0.98	4.82	−2.41	0.98	2.30	2.89	0.97
	融土 4	7.38	−6.46	0.99	5.13	−3.08	0.99	2.11	3.45	0.98
	融土 5	5.39	−5.30	0.98	4.89	−4.14	0.98	1.44	3.46	1.00
	融化压缩土 1	8.48	−6.37	0.98	5.37	−1.94	0.99	3.88	1.39	0.93
	融化压缩土 2	8.22	−6.61	0.98	5.01	−2.01	0.99	3.98	0.12	0.95
	融化压缩土 3	12.75	−10.05	0.99	6.30	−5.45	0.99	5.08	6.04	0.96
−15	原状土	5.33	−4.57	0.96	7.23	−4.04	0.99	3.06	0.35	0.96
	原状压缩土	10.29	−4.50	0.91	6.76	−6.03	1.00	4.79	−4.30	0.98
	融土 1	6.84	−7.87	0.98	5.52	−5.68	0.99	2.52	0.66	0.98
	融土 2	7.52	−7.37	0.96	5.28	−3.67	0.98	2.10	3.09	0.98
	融土 3	5.95	−6.39	0.99	5.14	−4.83	0.99	3.27	−1.67	0.96
	融土 4	6.26	−7.67	1.00	5.32	−6.02	0.99	2.42	0.16	0.98
	融土 5	6.02	−5.70	0.97	5.38	−4.28	0.98	2.11	2.72	0.98
	融化压缩土 1	8.75	−7.25	0.97	5.63	−2.71	0.99	4.43	−0.15	0.92
	融化压缩土 2	8.83	−9.43	0.98	5.32	−3.58	0.99	5.11	−3.02	0.97
	融化压缩土 3	11.34	−10.73	0.99	6.03	−2.92	1.00	3.87	1.75	0.94

图 4-36 为 4 种冷端温度条件下冻融及压缩前、后各状态土样的各类孔隙孔体积分布分维。整体来看,4 种冷端温度条件下冻融及压缩前、后微孔、小孔和中孔孔体积分布分维变化差异较大,孔体积分布分维越大,说明在冻融或压缩作用下土体的这一类孔隙中各孔径的孔隙均一化程度越低,各孔径之间相差越大,各孔径对应的孔体积在外力作用下相互之间的转化越明显。

对于微孔($d<30$ nm),原状压缩土与原状土相比,微孔孔体积分布分维增大,4 组试验平均增大 98%,说明原状软黏土在压缩后,对微孔孔体积影响较大,即在微孔范围内各孔径对应的孔体积改变较明显。而冻融后的软黏土,4 种冷端温度条件下变化规律表现出较大的差异,总体而言,冷端温度越高时(−5 ℃),冻融后微孔孔体积分布分维变化越明显,沿试样高度方向从上到下与原状土微孔孔体积分布分维相比分别增大 42%、54%、78%、80%、61%;而当冷端温度较低时(−15 ℃),冻融后沿试样高度方向从上到下微孔孔体积分布分维与原状土相比分别变化 28%、41%、12%、17%、13%。可以看出:随着冷端温度的降低,微孔孔体积分布分维明显降低。对于融后压缩土,冷端温度为 −5 ℃时,沿试样高度方向从上到下的微孔孔体积分布与原状土相比分别增大 131%、106%、129%;冷端温度为 −15 ℃

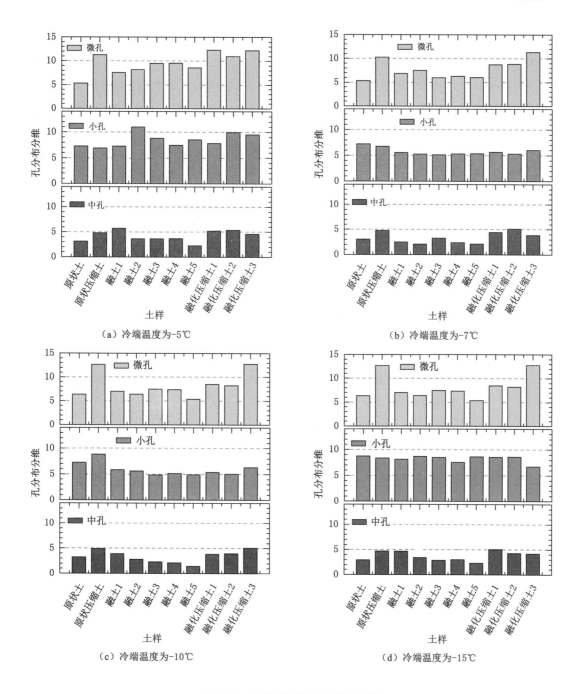

图 4-36　各类孔隙孔体积分布分维

时,沿试样高度方向从上到下的微孔孔体积分布与原状土相比分别增大 64%、66%、113%;与不同冷端温度冻融后的融土相似,微孔孔体积分布分维在冻融与压缩共同作用后与原状土相比差异更大,而冷端温度越高,这种差异越明显。

对于小孔(30 nm≤d<200 nm),原状土压缩后孔体积分布分维与原状土相比基本不变。而冻融后的软黏土,冷端温度为 -5 ℃时冻融后,沿试样高度从上到下小孔孔体积分布

分维与原状土相比分别变化0%、51%、21%、22%、18%；冷端温度为－7 ℃时冻融后，沿试样高度从上到下小孔孔体积分布分维与原状土相比分别变化－7%、－1%、－3%、－14%、－1%；冷端温度为－10 ℃时冻融后，沿试样高度从上到下小孔孔体积分布分维与原状土相比分别变化－20%、－23%、－34%、－29%、－3%；冷端温度为－15 ℃时冻融后，沿试样高度从上到下小孔孔体积分布分维与原状土相比分别变化－24%、－27%、－29%、－26%、－22%；而对于融后压缩土，冷端温度为－5 ℃时冻融后，沿试样高度从上到下小孔孔体积分布分维与原状土相比分别变化7%、36%、31%；冷端温度为－7 ℃时冻融后，沿试样高度从上到下小孔孔体积分布分维与原状土相比分别变化－2%、－2%、－23%；冷端温度为－10 ℃时冻融后，沿试样高度从上到下小孔孔体积分布分维与原状土相比分别变化－26%、－31%、－13%；冷端温度为－15 ℃时冻融后，沿试样高度从上到下小孔孔体积分布分维与原状土相比分别变化－22%、－26%、－17%。其中变化正值表示小孔孔体积分布分维增大，负值代表减小。可以看出：在小孔孔径范围内，当冷端温度较高时，融土小孔孔体积分布分维有所增大，但是当冷端温度降低时，融土的小孔孔体积分布分维减小，并比原状土降低20%以上。说明冷端温度较低冻融对此孔径范围内的孔径改变影响较小。融后压缩土也表现出相似的规律。

对于中孔($200 \text{ nm} \leqslant d < 1\ 000 \text{ nm}$)，原状土压缩后中孔孔体积分布分维与原状土相比有所增大，4组试样分别增大53%、61%、53%、57%。对于融土，与原状土中孔孔体积分布分维相比，冷端温度为－5 ℃时冻融后沿试样高度从上到下分别变化83%、15%、14%、14%、－27%；冷端温度为－7 ℃时冻融后沿试样高度从上到下分别变化59%、16%、－2%、2%、－21%；冷端温度为－10 ℃时冻融后沿试样高度从上到下分别变化22%、－13%、－29%、－34%、－55%；冷端温度为－15 ℃时冻融后沿试样高度从上到下分别变化－18%、－31%、7%、－21%、－31%。对于融化压缩土，与原状土中孔孔体积分布分维相比，冷端温度为－5 ℃时冻融压缩后沿试样高度从上到下分别变化66%、70%、46%；冷端温度为－7 ℃时冻融压缩后沿试样高度从上到下分别变化71%、46%、42%；冷端温度为－10 ℃时冻融压缩后沿试样高度从上到下分别变化20%、24%、58%；冷端温度为－15 ℃时冻融压缩后沿试样高度从上到下分别变化45%、67%、26%。

通过上述对总孔体积分布分维和各类孔隙对应的孔体积分布分维的计算和对比可以看出：体积分布分维从不同孔径的孔隙数目分布及其对应的自相似区间内孔隙孔体积分布情况，能够合理揭示各类孔径所对应的累计孔体积的变化情况。

总孔体积分布分维代表了试验软土样中绝大多数孔隙在冻融及压缩过程中的变化情况，结合软黏土本身在冻融及压缩作用下孔隙的变化特性，伴随着孔径较大的孔隙和孔径较小的孔隙之间的相互转变，而总孔体积分布分维很巧妙地表述了各状态下土样的这种转变趋势，对于合理揭示土体在温度及附加荷载作用下的变形机理提供了依据。

细化的孔径范围内的孔体积分布分维能够更好地展现各状态下对应孔径范围内的孔径在温度和附加荷载作用下的变化情况。从孔径的转变和相应孔径对应的累计孔体积来看，冷端温度冻融前、后冻结冷端温度较高时，对土体微孔和小孔孔径范围内的孔隙影响较大，即冻结过程对软黏土孔径相对较小的孔径范围内的孔隙对应的孔体积分布影响较明显。换而言之，冷端温度较高时冻融作用对孔径较小的孔隙相互之间的转化影响较大，因为在冷端温度较高的情况下冻结过程时间相对较长，冻结锋面的推进速度相对较慢，而该过程中水分的迁移及原位水和迁移水的冻结对土体内部孔径较小的孔径对应的孔隙累计体积产生影响。

4.6　本章小结

本章通过压汞试验,对 4 种不同冷端温度(－5 ℃、－7 ℃、－10 ℃、－15 ℃)条件下冻融及压缩前、后沿试样高度不同位置处的孔隙分布变化、孔隙分布与冻融及压缩特性之间的关系进行研究,分析了原状软黏土冻融及压缩前、后微观孔隙组成分布的特性。同时对不同冻融条件下冻融及压缩后沿试样冻结方向不同高度处取试样进行微观孔隙变化的相关试验,分析冻融及压缩对软黏土孔隙分布变化的影响。主要结论如下:

(1) 软黏土各状态下土样的进汞曲线均表现出两端较平缓,中间陡峭;退汞曲线呈现随压力减小退汞体积线性减小。进、退汞曲线并不重合,说明一些汞永久性残留在土孔隙中。

(2) 软黏土压缩后总孔体积明显减小;冻融后试样上部总孔体积减小,下部总孔体积增大;冻融压缩土的总孔体积最小。

(3) 软黏土压缩后平均孔径减小,冻融后试样上部平均孔径减小下部增大,融化压缩土平均孔径减小,且变化值最大。

(4) 原状土压缩后试样孔隙率降低,冻融后试样上部孔隙率减小,下部孔隙率增大。

(5) 将土体微观孔隙分为大孔隙($d \geq 1\,000$ nm)、中孔隙(200 nm$\leq d <1\,000$ nm)、小孔隙(30 nm$\leq d <200$ nm)和微孔隙($d<30$ nm)。土体冻融后上端大孔隙减少、中孔隙增多,下端小孔隙和微孔隙有所增加;压缩后土体大孔隙湮灭,中孔隙和微孔隙增加。

(6) 对各状态下土体总孔体积分布分维数和占孔隙绝大多数的微孔隙、小孔隙及中孔隙分布分维数进行定量研究,分维数越大,孔隙均一化程度越低,孔隙间尺寸相差较大,越具有大、小混杂的特点。

第5章　人工冻融软黏土微观结构及其变化的显微试验分析

5.1　引言

土体微观结构包括微观孔隙结构和微观颗粒结构。土体微观结构状态与其微观结构要素之间的关系十分复杂。微观结构要素实际上只具有定性意义,将微观结构状态量化,首先要对土体微观结构要素量化,一般将土的微观结构要素称为微观结构参数[96,214]。各微观结构参数之间并非完全独立,互相交叉影响,共同决定结构的整个微观结构状态。

通过对软黏土细观的 CT 扫描和微孔孔隙的定量研究,发现软黏土在冻融及压缩后微细观参数确实发生了较明显的差异性变化,然后采用上述两种观测手段将土体微观结构真实的变化情况展现出来。而环境扫描电子显微镜(environmental scanning electron micro-scope,简称 ESEM)作为一种能直观观测土样微观结构的仪器,近年来越来越多地被用来定性和定量观测土体内部微观结构在外力作用下的改变情况。因此,针对上述压汞测试的 4 种冻融条件,对冻融及压缩前、后的 40 组试样进行 ESEM 观测,以期从定性和定量角度衡量软黏土冻融及压缩前、后微观结构的差异和微观结构参数的变化。

5.2　ESEM 试验及图像获取

5.2.1　ESEM 试验原理及方法

(1) ESEM 试验样品准备

ESEM 观测要求试样绝对干燥,因此在试验前需要对试样进行相应的干燥处理。为尽量避免制样过程对土体自身结构的破坏,采用与压汞试样相同的真空冷冻干燥法对 ESEM 试样进行干燥。此外,观测前还需要对试样喷金镀膜。主要是因为在样品表面不导电时,使用电镜观测会发生电荷积累,所以需要一层导电膜,喷金处理在真空喷金室内进行。

(2) ESEM 试验系统

本次试验采用南京林业大学现代分析中心的 FEI Quanta 200 环境扫描电子显微镜,在自然状态下观察图像和进行元素分析。采用钨灯丝电子枪,加速电压为 200 V～30 kV,放大倍数为 20～300 000 倍,主要用于研究物体表面微观形貌。其附件 EDAX Genesis 2000 X 射线能谱仪(EDS)用于分析物质微区元素,其主要技术参数如下:

① 分辨率:高真空模式 3.0 nm@30 kV,10 nm @3 kV;低真空模式 3.0 nm@30 kV,12 nm@3 kV;环境真空模式 3.0 nm@30 kV;背散射电子像 4.0 nm@30 kV。

② 样品室压力:最高达 2 600 Pa。

③ 加速电压:200 V～30 kV,连续调节。

④ 样品台移动范围:Quanta 200:$X=Y=50$ mm。

(3) 微结构图像处理软件及分析方法

随着计算机图像技术的快速发展,数字图像技术被广泛应用于图像定量分析中。一些通用的专用的图像处理软件在生物学、医学、材料学、工业等各个领域发挥重要作用,如 PHOTOSHOP、MATLAB、IPP、SIS Analysis 等[200]。采用 IPP(Image-Pro Plus)图像处理软件对不同固结荷载下的图像进行定量研究和分析。

5.2.2　试样制备及试验方案

对于 4 种不同冷端温度冻融及压缩前、后沿试样不同位置取样进行微观观测,ESEM 扫描观测的试样也同压汞试样一样需要进行真空冷端干燥,此外还需对试样观测断面进行喷金镀膜处理,沿试样高度取样的状态和试样编号与压汞试验相同,见 4.2 节,此处不再赘述。

5.2.3　图像获取

ESEM 观测试验在南京林业大学现代分析测试中心电镜室内进行,所用设备为美国 FEI 公司生产的 Quanta 200 型环境扫描电子显微镜。试验时将镀膜后的土样放入电子显微镜样品室中,拍摄时先找到典型结构单元体或孔隙,避开切削边缘和个别大颗粒等特殊部位,使拍摄图像具有代表性[96]。每种状态下的土样准备 2 个 ESEM 观测试样,每个试样至少从 3 个不同区域进行观察以获取微观结构图像,以对良好的成像进行分析。试验操作时尽量避免试样边缘位置和制样过程中出现的过大的人为破坏区域。典型的土体微观结构也应避免起伏较大的有异形颗粒突起的区域,以平坦区域为佳,选取代表性区域,即土颗粒和孔隙能够较清晰辨识的区域。

图 5-1 为不同放大倍数条件下原状软黏土的 ESEM 照片,放大倍数依次为 800 倍、1 000 倍、1 500 倍、3 000 倍、5 000 倍和 8 000 倍。

通过仔细观察上述不同放大倍数条件下的原状软黏土 ESEM 图像可以看出:由于黏土颗粒较小,放大倍数较小时(800 倍和 1 000 倍)很难辨别照片内的土颗粒和孔隙,而当放大倍数过大时(8 000 倍),过大的放大倍数导致土孔隙和颗粒比例失真,且观测区域太小没有代表性。放大倍数为 1 500～5 000 倍时能够清晰观察到土颗粒中孔隙的分布及形态,放大倍数为 3 000 倍时视窗下土体的孔隙和结构特征能更清晰直观表现出来。

5.2.4　原状软黏土微观结构分析

图 5-2 为典型的试验软黏土原状土样 3 000 倍 ESEM 微观结构图像,可以看出原状软黏土颗粒形态为典型的片状结构。按照 V. I. Osipov[215-216]对黏土结构的分类,试验软黏土属于絮流状结构。

胡瑞林等[214,217]曾就土颗粒结构排列特征指出结构排列特征反映结构单元体之间的空间位置关系,而就单个片状单元体而言,一般包含三种常见的排列方式(图 5-3)。

(1) 面-面(FF)接触形式

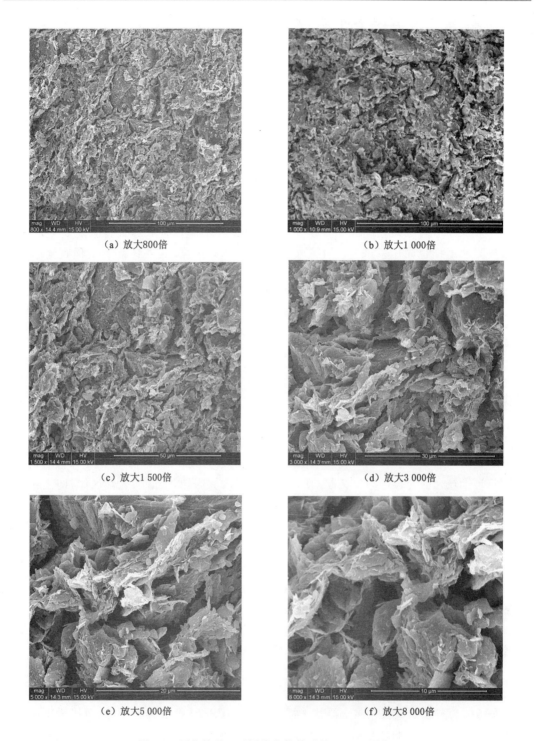

（a）放大800倍　　　　　　　　　（b）放大1 000倍

（c）放大1 500倍　　　　　　　　　（d）放大3 000倍

（e）放大5 000倍　　　　　　　　　（f）放大8 000倍

图 5-1　原状软黏土不同放大倍数时的 ESEM 图像

面-面接触是指黏土矿物的基面对基面式接触,常见于高岭石土和伊利石土中。黏土矿物常会因面-面接触而叠置成具有较强定向性的颗粒集合体,形成所谓的"隐结构"或"定向

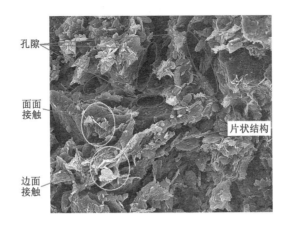

图 5-2　原状软黏土的微观结构分析

（a）面－面接触　　　（b）边－边接触　　　（c）边－面接触

图 5-3　黏土单片颗粒的典型排列方式示意图

结构"。

（2）边-边（EE）接触形式

边-边接触是指黏土矿物颗粒之间以断面对断面时的情形。这种接触主要是由于断面之间电性不同而产生静电引力结合在一起，可以是单矿物之间的接触，也可以是集合体之间的结合。

（3）边-面（EF）接触形式

边-面接触是指黏土矿物基面与另一矿物棱边相接触的情况。这种接触常也主要是由于断面之间电性不同而产生静电引力结合在一起。单矿物颗粒及颗粒集合体均可能构成边-面结合体。

结合图 5-2 所示原状软黏土的微观结构图像不难发现试验软黏土片状颗粒的接触主要以面-面（FF）接触和边-面（EF）接触为主。

5.3　软黏土冻融前、后的微观结构图像观测定性分析

利用环境扫描电子显微镜（ESEM）提取的图像，可以直观地看到土体微观结构形态，主要包括软黏土基本单元体的组成和形态、结构连接方式、单元体和孔隙的排列等，这些观察是在定性的层次上进行的，可以对比分析不同状态下土样微观结构形态的变化，对直观了解冻融及压缩过程中土体的微观结构改变具有重要意义。

图 5-4 为冷端温度－5 ℃时冻融及压缩前、后不同状态下土样剖面的 ESEM 图像。微

观结构特征表现为原状土中土体结构整体较均匀,自然状态下土体的片状结构和片状颗粒之间的面-面接触和边-面接触较清晰。

软黏土经压缩后[图 5-4(b)],自然状态下的土骨架结构整体上被破坏,孔隙被压密而闭合。原状的片状结构排列被挤压,形成团聚状的簇状体,主要以面-面接触为主,土颗粒有明显的破碎痕迹。通过软黏土冻融后[图 5-4(c)至图 5-4(g)]的图像可以看出:靠近试样上端的融土 1 和融土 2 试样土骨架也发生了挤压变化,片状结构排列凌乱,部分大孔隙闭合。而对于融土 4 和融土 5,其土骨架的片状结构保存较好,但颗粒间的孔隙明显变大,说明在冻融作用下下部土样孔隙被扩大,孔隙连通性变好。对于冻融压缩土[图 5-4(h)至图 5-4(j)],可以看出其土骨架结构完全被破坏,发生压密和重组,大部分可见孔隙闭合,片状颗粒层叠堆砌,团聚程度增加。

对于其他冷端温度条件下冻融及压缩前、后土样的定性观察与此类似,下面从定量的角度分析软黏土微观孔隙和颗粒在冻融及压缩前、后的变化情况。

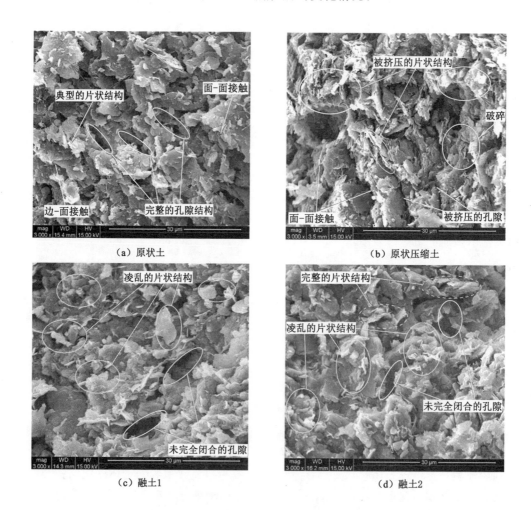

图 5-4　冷端温度时-5 ℃(Ⅰ)时冻融及压缩前、后土样的 ESEM 图像

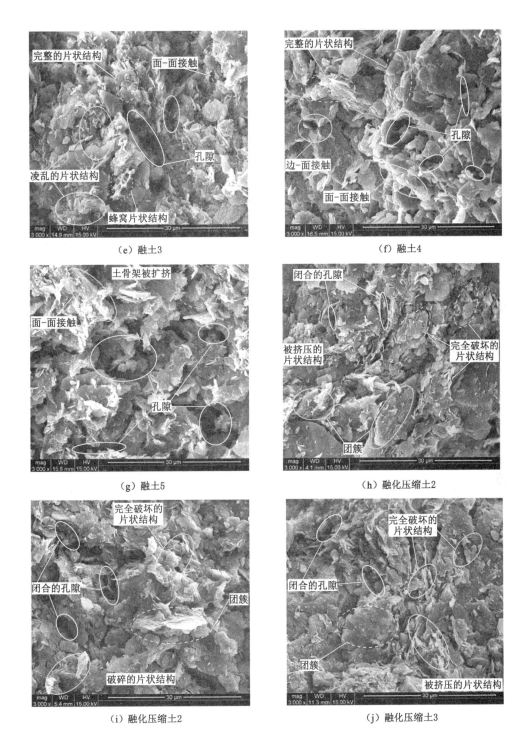

（e）融土3　　　　　　　　　　　　（f）融土4

（g）融土5　　　　　　　　　　　（h）融化压缩土2

（i）融化压缩土2　　　　　　　　　（j）融化压缩土3

图 5-4(续)

5.4 基于 IPP 图像处理软件的土体微结构定量分析方法

5.4.1 IPP 软件简介

目前诸多学者对土体微观研究时采用 Photoshop、Arcinfo、MATLAB 等软件对 ESEM 图像进行定量研究,但是此类软件存在自动化程度低、统计分析功能差、定量分析功能少等不足之处,加之土体 ESEM 图像比生物材料、金属、非金属及其复合材料等复杂,上述软件均不能完全满足使用者对土体微观结构分析的多种要求,为土体 ESEM 图像中的土壤颗粒、孔的参数提取及分析带来不便[218-220]。

IPP(Image-Pro Plus)图像分析软件广泛应用于科学研究,其支持图像采集、增强、标定、图像处理、测量、分析、图像标注、图像数据库、报表生成器、宏记录等[221]。利用 IPP 对土体 ESEM 图像处理分析主要有以下几个优势[222]:

① 单独使用 IPP 软件即可完成 ESEM 图像采集、图像处理、计数、尺寸测量以及得到微结构特征参数的全部过程,不需要其他软件进行前期加工或后期处理,使图像处理分析过程简单化。

② 可使用 Auto-Pro 使 IPP 自动完成重复任务或对其进行定制,如需要处理大量的 SEM 图像,编制宏语言可自动完成全部任务。

③ 集成式插件模块可进一步扩展 Image-Pro Plus 功能,如图像的伪彩色处理显示等。

④ IPP 可对研究区域进行自动或手动跟踪和计算,并测量对象属性。

利用 IPP 处理微观结构照片过程中会用到关于图像信息的一些专业术语,所涉及术语名称及其意义见表 5-1。

表 5-1 图像处理所涉及术语及意义

术语名称	意　义
位图	用二维阵列来表示一幅图像
对比度	一幅图像的清晰度
二值	以数字形式表示图像法,图像的每一个像素由或开或关的一个位表示
亮度	在一幅图像中白色的数量
伽马	一种非线性对比度修正因子,用于调整图像暗区域的对比度
灰度色阶	在灰度图像中,亮度值分配给了像素
像素	图片的元素,是数字化图像的最小单元
RGB	表现红色、绿色和蓝色(RGB)不同数量的彩色模式
锐化	通过增强相邻像素灰度值的差异来强化图像中的边缘和细则的过滤过程
阈值	一个用于分离灰度值成 2 个值的,典型的阈值为 128

5.4.2 研究参数的选取

IPP 提供了 56 个测量对象选项,可根据研究所需选择一个或多个研究测量选项。基于以上考虑选择了以下选项作为整幅图像颗粒和孔隙的基础研究参数[96]。

① 角度:与对象等效的椭圆(有着相同面积、相同一阶矩和二阶矩)的长轴与竖轴间的夹角,范围为 0°~180°。默认垂直角度为 0°。

② 区域面积:各测量对象的面积。

③ 最大直径:连接轮廓上两点并穿过形心的最长直线的长度。

④ 平均直径:测量对象的直径(连接轮廓上两点并穿过形心)平均长度(每隔 2°测量 1次)。

⑤ 最小直径:连接轮廓上两点并穿过形心的最短直线的长度。

⑥ 分布分维:对象轮廓的分布分维。

⑦ 圆度:每个对象的圆度。

以上参数的选取方法示意图如图 5-5 所示。

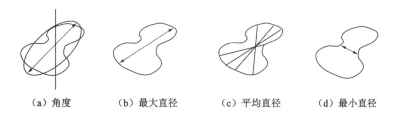

（a）角度　　　　（b）最大直径　　　　（c）平均直径　　　　（d）最小直径

图 5-5　IPP 相关分析参数的选取方法示意图

根据土体微观结构的定义,通过对 IPP 中所得参数进行统计处理,选择 5 个描述土体微观结构颗粒或孔隙大小、形态和排列特征的参数[96]。各参数的意义及确定方法如下:

① 平均直径。由 IPP 软件得出所分析图像中所含颗粒或孔隙的平均直径,等价于与其面积相等的圆的直径[223]。分别统计各孔径或粒径下颗粒或孔隙的平均直径的百分含量,以明确冻融及压缩前、后不同状态软黏土土样颗粒及孔隙大小的变化,颗粒及孔隙是否发生碎裂、重组等现象。

② 定向频率。颗粒及孔隙的定向性,在0°~360°范围内是镜像对称的,故只需统计0°~180°范围内的。为表示孔隙在某一方向的分布强度,将定向角划分为 n 个等分区位,那么定向频率即每个区位中土体孔隙或颗粒占总的孔隙或颗粒的比例。而 IPP 中给出了所有颗粒和孔隙的角度,可以对其进行统计分析,在 0°~180°范围内,以 20°为单位进行分区,共 9个方位区,可统计颗粒及孔隙在各个方位区的定向频率。

③ 圆形度。圆形度是指所研究对象接近于圆形的程度,数值越接近 1,颗粒越接近圆形。由如下公式来定义:

$$圆形度 = \frac{周长^2}{4\pi \times 面积} \tag{5-1}$$

④ 丰度。丰度是指颗粒或孔隙的短轴长度和长轴长度之比。

$$C = \frac{r}{R} \tag{5-2}$$

式中,R 为椭圆形的长轴长度;r 为椭圆形的短轴长度。

丰度表示颗粒或孔隙在二维平面中的几何形状。丰度值在[0,1]之间,C 值越小,表明颗粒或孔隙越趋于长条形,C 值越大表明颗粒或孔隙渐趋等轴。

⑤ 分布分维。分布分维即颗粒或孔隙的形状分维,如 4.5 节所示,目前计算土体微观结构分布分维的方法有很多,最常用的有盒计数法(主要研究孔隙或颗粒在统计平面内的分布情况)。和等效面积周长法(主要研究孔隙或颗粒的表面形态分布特征)等。本节针对土体 ESEM 图像提取的孔隙和颗粒的形状特征对冻融及压缩的影响,在计算中优选孔隙或颗粒形态分布维数为研究对象,并采用 C. A. Moore 和 C. F. Donaldson[117] 提出的等效周长与等效面积之间的关系,计算颗粒或孔隙的分布分维:

$$\lg L = \frac{D}{2} \times \lg S + C \tag{5-3}$$

式中,L 为周长;S 为面积;D 为颗粒或孔隙形态的分布分维;C 为常数。

颗粒或孔隙的形态分布分维可以用来表示颗粒或孔隙的复杂程度。颗粒或孔隙形态分布分维越大,说明颗粒或孔隙的扭曲程度越高,颗粒或孔隙表面形态越复杂。

5.4.3　IPP 软件处理 ESEM 照片步骤

结合上述选定的研究参数,对各状态下的土体 ESEM 图像进行 IPP 图像处理和微观参数提取。以所研究软黏土原状土样微观颗粒分析为例,说明利用 IPP 软件处理 ESEM 图像的步骤。图 5-6 为 IPP 软件处理 ESEM 图像的流程示意图[224]。

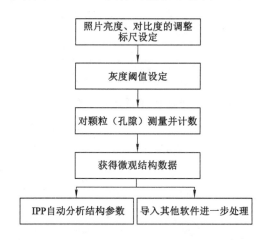

图 5-6　IPP 软件处理 ESEM 图像的流程示意图

(1) 土体 ESEM 图像预处理

试验所获得的各状态下的 ESEM 图像需要载入 IPP 软件进行一系列预处理,如图 5-7 所示。为使图像具有良好的分辨效果,使用对比度调节增强面板的亮度、对比度和伽马(BCG)控制,再使用滤镜中背景平衡、锐化、中值等功能[222]。

(2) 设定测量标尺

IPP 软件在默认情况下以像素为单位对图像进行测量,基于试验对土体 ESEM 图像中微观结构参数的定量提取,需要对测量标尺进行校订,使 IPP 能以微米(μm)为单位进行测量。如图 5-8 所示,图像按实际尺寸放大 3 000 倍,图像上 1 单位像素实际代表 0.485 μm。图像中标尺部分的实际长度为 30 μm[222]。

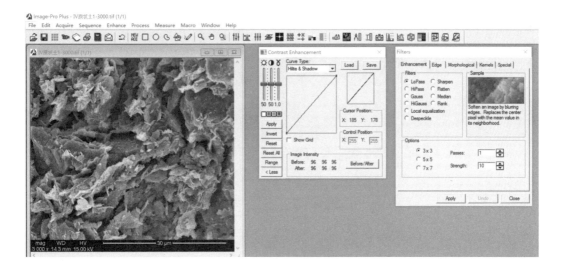

图 5-7　IPP 软件对 ESEM 图像的预处理

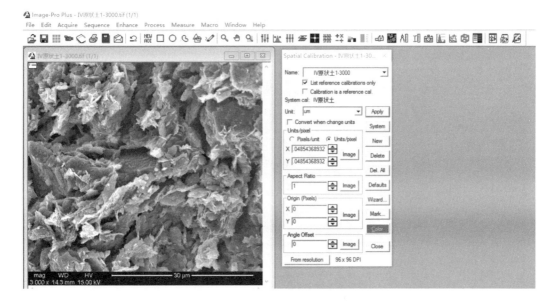

图 5-8　IPP 软件中标尺的设定

（3）土体 ESEM 图像的微观分析

通过 ESEM 图像所获得的土体微观结构图像由土骨架（土颗粒等）和孔隙组成，反映到灰度图像中，浅色区域代表土颗粒，深色区域代表孔隙。目前通过对土体 ESEM 图像进行微观结构分析的方法主要是将图像进行二值化处理，即通过软件使 ESEM 图像只有黑、白两种颜色，白色为颗粒，黑色为孔隙，但这种方法完全忽略颗粒的形状和空间起伏，采用对颗粒和孔隙体积取平均值的方法。若要考虑颗粒形状与空间起伏，必须利用图像灰度值来计算，计算图像中每一个像素灰度值，然后计算孔隙与颗粒的面积，并最终得到结构特征参数。图 5-9 为这两种方法的原理示意图[222,225]。

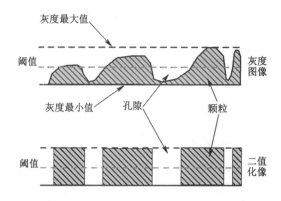

图 5-9　二值化与灰度计算原理示意图

IPP 软件中对土体 ESEM 图像分割是采用灰度阈值处理。土体 ESEM 图像灰度直方图多为单峰状,划分阈值根据 ESEM 图像目标对象和背景的灰度差,采用目视分割法进行确定阈值[73,226]。如图 5-10 所示,重复打开同一 ESEM 图像,对照原图像使用图像分割对话框中的拖动范围限制条在 0～255 范围内更改阈值,以选择图像中明亮的对象(土颗粒)。阈值调试过程中,实时对比原图像和改变阈值图形的变化,直至最佳分割效果[222]。

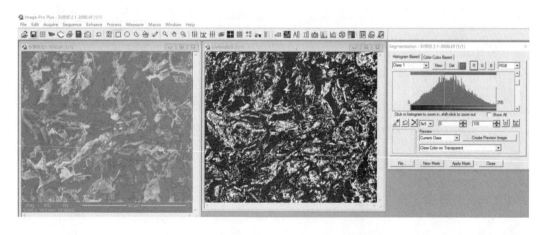

图 5-10　IPP 对 ESEM 图像确定阈值

目前对土体 ESEM 图像进行阈值分割,国际上至今尚未形成公认的完善的方法,目视分割法是一种简单且有效的方法。唐朝生指出通过 ESEM 图像表征土体孔隙结构时,阈值过大可能导致定量分析结构较实际值偏大,反之,过小的阈值也可能导致较大误差。可见选择合适的图像阈值分割是分析 ESEM 图像的关键,通过大量分析得到:当拖动范围限制条设在峰值的 65%～80% 处,此时具有最好的分割效果(图 5-11)。

(4) 对象测量与计数

利用 IPP 对土体 ESEM 图像进行测量的对象为颗粒与孔隙,IPP 提供了自动和手动两种测量方式,采用手动测量方式,如图 5-12 所示。对土体孔隙进行测量时,选择测量暗色物质,颗粒作为背景;测量土颗粒时,则选择亮色物体,孔隙作为背景。通过选择测量对话框选取所需要测定的参数(图 5-12),IPP 提供 46 种几何形态和光密度的测量选项,可根据需要

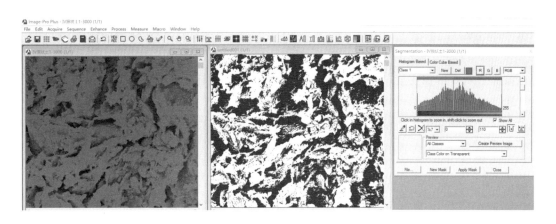

图 5-11　IPP 对 ESEM 照片确定的最佳阈值

自行选择。根据上述分析,结构特征参数选取孔径、周长、面积、圆形度、颗粒和孔隙的分维数等(见 5.4 节)[222]。

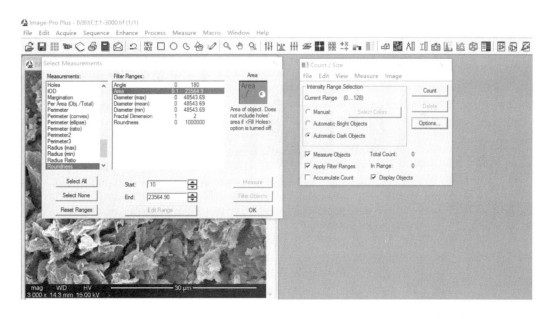

图 5-12　IPP 软件中的测量菜单与测量参数选择对话框

此外,由于制样误差,个别 ESEM 图像中会出现一些孤立的亮点与黑点,在选择测量对话框中选取面积(area)时,适当设置起始值(star),就可以消除这些图像上的孤点和瑕疵点,提高图像的分析精度,将颗粒与孔隙的面积起始值设为 0.1 μm。

对颗粒进行测量时,考虑颗粒中没有孔洞,应开启填充内孔选项;对孔隙进行测量时,考虑孔隙中可能包围小孔隙,应关闭填充内孔选项。通过以上对测量对象和参数的设定,就可以对 ESEM 图像进行计数分析。

5.5 冻融及压缩前、后软黏土微观结构特征的定量分析

软黏土微观结构主要是由微观颗粒和孔隙组成,采用 IPP 软件将 ESEM 所得的不同状态下土体试样微观结构图像中的颗粒和孔隙特征信息分别统计。本节将定量分析 4 种冷端温度条件下冻融及压缩前、后沿冻融试样不同高度处的微观结构变化规律。

5.5.1 土体孔隙微观特性定量分析

(1) 孔隙平均直径分布变化规律

软黏土在经历冻融及压缩时,冻结过程中土中的水冰相变产生体积膨胀,使土颗粒之间的孔隙变大,融化时的冰水相变使体积减小,并且冻融过程中复杂的水分迁移通道和不同位置处水分迁移量的差异,造成不同位置处冻融前、后土骨架差异,引起局部土骨架坍塌,颗粒重新分散、整合。而压缩过程中土骨架在附加荷载作用下受到挤压而破坏,颗粒间的孔隙被挤压密实,原有的土骨架结构重新组合,孔隙将产生挤压、拉伸、闭合和贯通等一系列复杂的变化。

4 种冷端温度条件下冻融及压缩前、后不同状态下土样的孔隙特征变化结果如图 5-13 所示。

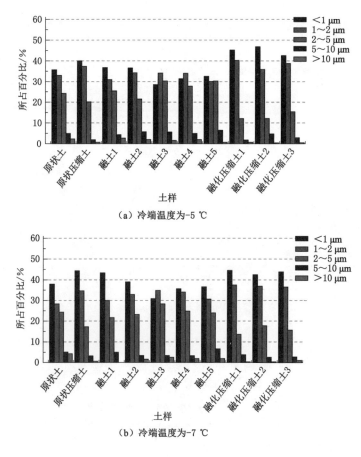

(a) 冷端温度为-5 ℃

(b) 冷端温度为-7 ℃

图 5-13　孔隙平均直径分布

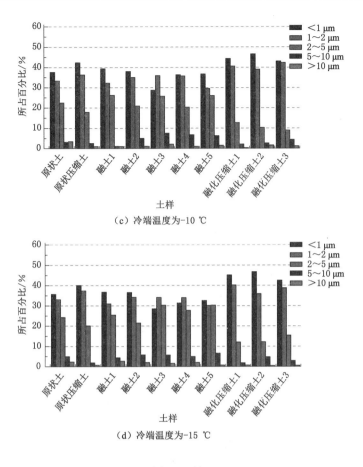

（c）冷端温度为-10 ℃

（d）冷端温度为-15 ℃

图 5-13（续）

由图 5-13 可以看出：软黏土孔隙主要分布在平均孔径小于 2 μm 的范围内，并且超过三分之一的孔隙分布于平均孔径小于 1 μm 的范围内。4 种冷端温度条件下冻融及压缩前、后不同状态下的土样微观孔隙平均直径表现出较大的差异性。

① 软黏土经压缩后，孔隙平均直径分布与原状土相比，<1 μm 范围内的孔隙明显增加，4 组试验平均增加 4.5%；1~2 μm 范围内的孔隙也增加，4 组试验平均增加 4.2%；而平均孔径 >2 μm 的孔隙均减少，并且压缩后平均孔径 >10 μm 的大孔隙趋于消失。说明软黏土在附加荷载作用下孔隙被压缩，大孔隙被挤压变成孔径较小的孔隙。

② 4 种冷端温度条件下冻融后沿试样不同高度处孔隙的平均直径变化也表现出较大的差异性，冷端温度为-5 ℃时冻融后，试样最上层位置（融土 1）平均直径 <1 μm 的孔隙增加，与原状土相比增加 12.8%，变化量较大，而平均直径在 2~5 μm 范围内的孔隙显著减少，与原状土相比降低 13.9%，并且平均直径 >10 μm 的孔隙完全消失。可以看出：冻融后试样上端位置土样的平均孔径减小，大孔隙的含量显著降低，这与前述土体单向冻融条件下冻融颈缩现象的机制一致。对于沿冻融试样高度其他位置处的土样，冻融后整体上表现为平均直径较大的孔隙量减少，平均直径较小的孔隙相对量增大，变化程度与距冷端的距离有关，即距离冻结冷端越远，孔隙平均直径由大孔隙向小孔隙转化的程度越高。对于其他 3 种冷端温度条件下冻融后不同位置的土样，其孔隙平均直径变化规律基本与冷端温度为-5 ℃一致，但冷端温度越

低,其大孔隙向小孔隙转变的程度越低。分析可知:土样在不同冷端温度(温度梯度)条件下冻融后,冻融过程形成的冰胶结从而扰动土骨架,所经受的冻结程度不同,水分迁移过程和相变产生的膨胀作用,对孔隙挤压、拉伸必然会使孔隙微观结构产生不同程度的变化。

③ 对于冻融压缩土,4 种冷端温度条件下平均直径<1 μm 和 1～2 μm 范围内的孔隙均增加,而平均直径较大的孔隙减少,且与原状压缩土相比,其变化更大,这是由于冻融作用对土的扰动使其灵敏度增大,在外荷载作用下其孔隙更容易被挤密。

(2) 孔隙定向性分布变化规律

孔隙的定向频率作为定向性指标,能够比较直观地反映土体孔隙在各定向角范围内出现的概率。图 5-14 为 4 种不同冷端温度条件下冻融及压缩前、后不同状态的土样定向分布情况。

可以看出:对于原状土孔隙在各个定向角范围内出现的频率相对较均匀,从总体来看原状土定向性并不明显,因为自然状态下原状软黏土的层积和上覆土层压力作用使其自身随机分布。而压缩后的土样在 0°～20°、20°～40°、140°～160°、160°～180°区间内的定向频率占优势,均大于 15%,与其他定向角区间的定向频率相比优势较明显。冻融后的土样定向性相对较弱,但与原状土相比,不同状态下土样仍表现出一定的定向性。由于不同冷端温度

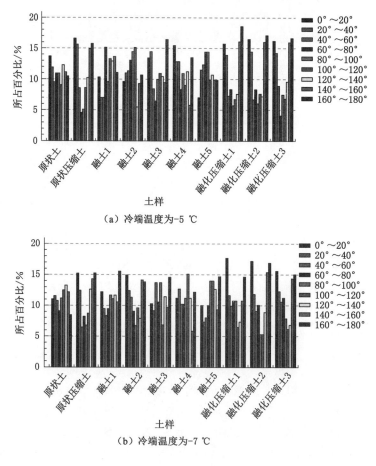

(a) 冷端温度为-5 ℃

(b) 冷端温度为-7 ℃

图 5-14　孔隙方向角分布

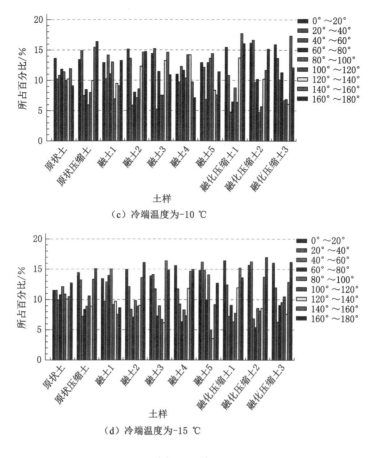

（c）冷端温度为-10 ℃

（d）冷端温度为-15 ℃

图 5-14（续）

作用下沿冻结方向不同位置处土样水分迁移机制和冻结过程相变机制的差异性,导致其定向性并未表现出较好的规律性。但对于冻融压缩土,其定向性较明显,0°～20°、20°～40°、140°～160°、160°～180°区间内的定向频率占优势,说明竖向附加荷载作用易使土体孔隙产生定向变化。而冻融作用对土体形态的改变在定向性上差异较大。

（3）孔隙平均圆形度变化规律

自然状态下软黏土土体孔隙的形状有多种,二维平面可分为圆形、椭圆形、多边形等,孔隙形状的改变必将影响土体的结构和物理力学特性。土体孔隙的圆形度是指土体孔隙二维形状接近于圆形的程度,其数值越接近 1,孔隙形状越接近圆形。观察土体的 SEM 图像可以发现:软黏土经冻融及压缩后其原本自然状态下的土骨架结构被破坏,发生压实挤密或膨胀扩大,而在这个过程中孔隙的圆形度发生变化,因此平均圆形度应作为衡量软黏土在冻融及压缩前、后孔隙形状变化的重要参数。

图 5-15 为 4 种冷端温度条件下冻融及压缩前、后不同土样孔隙平均圆形度的分布。4 种冷端温度条件下冻融及压缩后土样的平均圆形度整体上表现为冻融和压缩后土样的平均圆形度增大,且压缩后的土样平均圆形度增大趋势更明显。

从图中可以看出:4 种冷端温度条件下冻融及压缩前、后孔隙平均圆形度变化规律相似,总体上表现为压缩后的原状压缩土平均圆形度较原状土增大较明显,4 组冷端温度条件

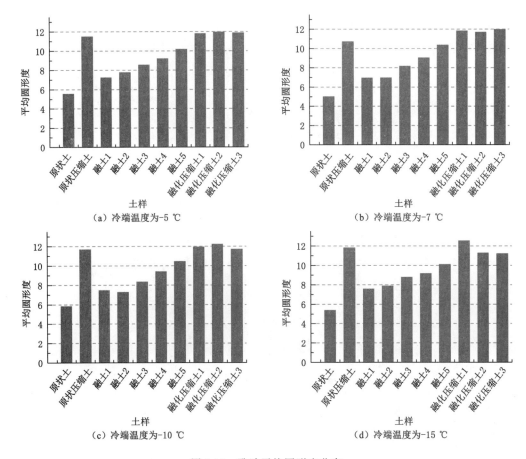

图 5-15　孔隙平均圆形度分布

下平均增大 110％,而冻融后的土样孔隙平均圆形度较原状土都增大,但比原状压缩土的变化要小,并且距离冷端越近,其孔隙平均圆形度与原状土相比变化越大。而融土压缩后其孔隙平均圆形度也增大,4 种冷端温度条件下变化相似,但比原状压缩土变化量大。对比各状态下孔隙平均圆形度的变化规律可以看出:冻融和压缩后孔隙的平均圆形度比原状土大,压缩融土的孔隙平均圆形度变化量最大。对于融土,沿冻结试样高度方向从上到下孔隙圆形度逐渐增大,说明越靠近冷端位置,冻融作用对土体的平均圆形度的影响越大。

（4）孔隙丰度分布变化规律

土体微观孔隙丰度的变化反映孔隙狭长程度的改变情况,其值介于 0~1。丰度值越小,表示土体孔隙形状越趋近于长条形;而丰度值越大,表示土体孔隙形状越趋近于等轴形(如圆形)。图 5-16 为 4 种冷端温度条件下冻融及压缩前、后不同状态下土样的丰度分布情况,通过对土体孔隙几何形状的分析可以看出:原状土的丰度值主要集中在 0.2~0.5,其次为0.1~0.2、0.5~0.6、0~0.1 和 0.6~1.0 内孔隙数量较少。表明孔隙以扁圆形为主,长条形和等轴形较少。对比可知 4 种冷端温度条件下冻融及压缩后土样的微观孔隙丰度值变化规律相似,0~0.1、0.6~1.0 丰度范围内的孔隙数量减少,而 0.1~0.5 丰度范围内的孔隙有不同程度增加。与原状土相比,丰度集中的区间无明显变化,说明冻融及压缩后孔隙依然以扁圆形为主,等轴形孔隙几乎不存在,长条形孔隙数量减少,整体上土体孔隙向扁圆形发展。

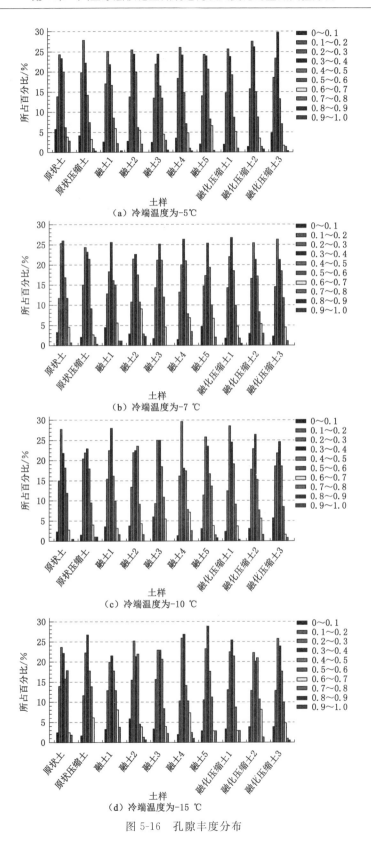

图 5-16　孔隙丰度分布

（5）孔隙形态分布分维变化规律

土体微观孔隙的形态分布分维可以用来表示孔隙的复杂程度,孔隙形态分布分维越大,颗粒或孔隙的扭曲程度越高,颗粒或孔隙表面形态越复杂。图 5-17 为 4 种冷端温度条件下冻融及压缩前、后不同状态下土样微观孔隙形态分布分维的变化规律。从整体来看,4 种冷端温度条件下冻融及压缩前、后孔隙形态分布分维变化明显,变化趋势基本一致,即压缩及冻融后的土样孔隙形态分布分维增大,但变化量有所差异。

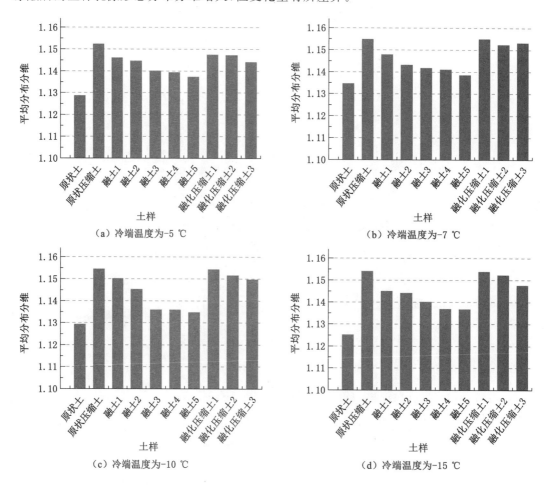

图 5-17　孔隙形态分布分维

对于原状土,平均孔隙形态分布分维为 1.13,原状压缩土孔隙形态分布分维与原状土相比显著增大,4 组试验平均增大 2.2％;冻融后的土样,距离冷端位置越远的上部土样,其孔隙形态分布分维越大,沿试样高度从上到下逐渐减小,但比原状土增大,比原状压缩土要小,且 4 种冷端温度条件下的变化规律一致。如冷端温度为－5 ℃时冻融后沿试样高度方向从上到下孔隙形态分布分维依次比原状土增大 1.5％、1.4％、1.0％、0.9％、0.1％;其余 3组试验冻融后变化规律类似。对于冻融压缩土,4 组冷端温度条件下分别平均比原状土增大 1.6％、1.7％、2.0％、2.3％。通过对比不同状态下土样孔隙形态分布分维可知冻融及压缩后分布分维均增大,说明冻融及压缩后孔隙的扭曲程度增大,孔隙表面形态越复杂。

5.5.2　土颗粒微观特性的定量分析

（1）颗粒平均直径分布变化规律

软黏土冻结过程中土中水相变成冰时体积膨胀，特别是在水分迁移过程中，冻结锋面的移动和冰透镜体的形成会扰动软黏土自身自然状态下的整体结构，发生局部土颗粒的相对移动、局部的拉伸或挤压密实等，引起土体颗粒直径变化。不同冻结冷端温度条件下引起的相变程度不同，对土体结构的扰动程度也不同。

图 5-18 为 4 种冷端温度条件下冻融及压缩前、后不同状态下土样颗粒平均直径分布情况，可以看出：原状土颗粒平均直径小于 2 μm 的颗粒占多数，而大于 5 μm 的颗粒相对较少，即软黏土颗粒平均粒径区段主要分布在小于 1 μm 和 1～2 μm，说明软黏土颗粒较小，与3.2 节土体颗粒分析试验结果一致。

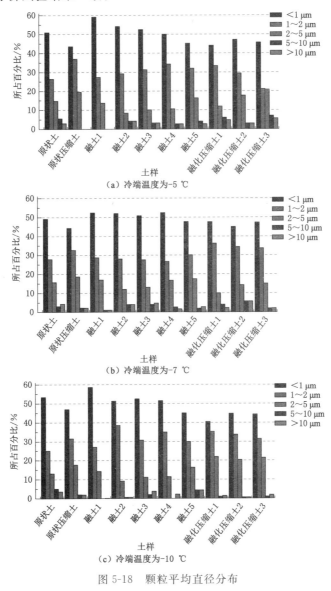

图 5-18　颗粒平均直径分布

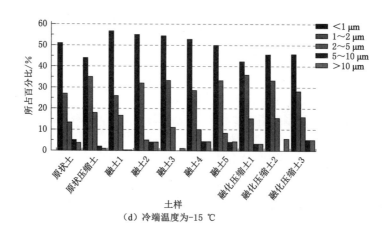

（d）冷端温度为-15 ℃

图 5-18（续）

原状压缩土与原状土相比，颗粒平均粒径分布在小于 1 μm 范围内的颗粒百分比减少，4 组试验平均降低 12.5%；而 1～2 μm 和 2～5 μm 范围内的颗粒百分比分别平均增大 28.1% 和 30.5%；而 5～10 μm 和大于 10 μm 范围内的颗粒平均减少 65%，趋于消失。而冻融后的土样，沿冻结试样高度方向距离冷端位置越远，其小于 1 μm 范围内的颗粒增加越多，且越靠近冷端位置，颗粒粒径变化越不明显。其中冷端温度为 -5 ℃时，颗粒平均直径分布区间小于 1 μm 的颗粒从上到下与原状土相比分别变化 16.1%、6.5%、3.2%、-1.7%、-11.4%；1～2 μm 内的颗粒从上到下与原状土相比分别变化 3.0%、10.2%、18.1%、29.2%、20.7%；大于 2 μm 的颗粒分布与原状土相比均减少。其他冷端温度条件下冻融后土样的变化规律类似，且冷端温度越低，对土颗粒粒径的影响越弱。而对于冻融后的压缩土，整体来看其小于 1 μm 的颗粒有所减少，但变化相对较小。

（2）颗粒定向性分布变化规律

图 5-19 为土颗粒方向角分布，可见对于土颗粒而言，原状土样方向角分布在 0°～20°、160°～180°的颗粒占优势，具有一定的定向性特征。

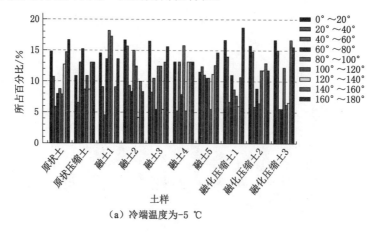

（a）冷端温度为-5 ℃

图 5-19　颗粒方向角分布

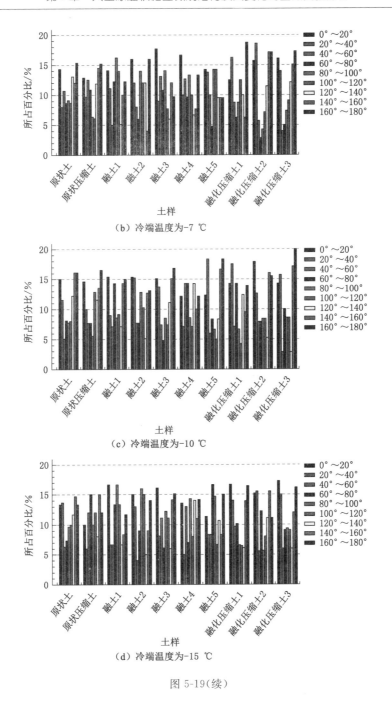

（b）冷端温度为-7 ℃

（c）冷端温度为-10 ℃

（d）冷端温度为-15 ℃

图 5-19（续）

　　原状压缩土颗粒的这种定向性与原状土相比有所减弱。而冻融后的土样，其颗粒定向性较差，这是由于经过一次冻融，冻结及融化使土颗粒的排列发生变化，导致土颗粒定向角分布较分散。而对于融化压缩土，其定向性明显增强，在 0°～20°、20°～40°、140°～160°、160°～180°方向角范围内的颗粒占多数。这是由于软黏经冻融后，其颗粒被扰动，而在附加荷载作用下土颗粒排列调整而变得有序。

　　（3）颗粒平均圆形度变化规律

图 5-20 为 4 种冷端温度条件下冻融及压缩前、后各土样土颗粒平均圆形度变化趋势，土体颗粒平均圆形度数值越接近 1，土颗粒形状越接近圆形。

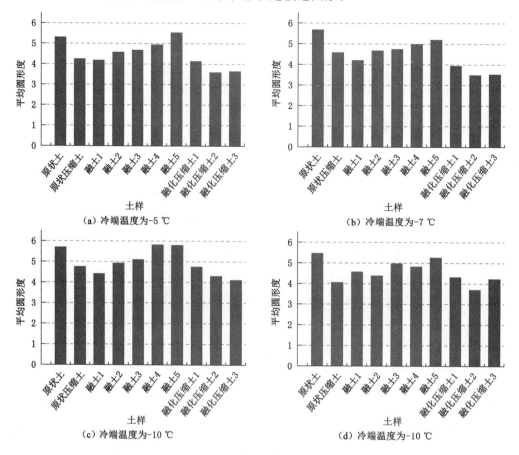

图 5-20　颗粒平均圆形度分布

可以看出：原状压缩土颗粒平均圆形度较原状土降低，冻融后的土样靠近冻结冷端位置处土颗粒平均圆形度增大，靠近暖端的试样上部土颗粒圆形度减小。而冻融压缩土的颗粒平均圆形度均比原状土减小，且变化量比原状压缩土和融土大。其原因是：冻结阶段土中水变成冰，冰晶体形成过程中会在土体内产生楔形力，颗粒的原本联结被破坏，使颗粒不规则边界塌落，颗粒逐渐被磨圆，使得颗粒边缘趋于平滑而近似于圆形并重新排列。在附加荷载作用下，这种磨圆作用更明显。

（4）颗粒丰度分布变化规律

丰度的变化反映了土颗粒的狭长程度，丰度值越大，颗粒越接近等轴形态。图 5-21 为 4 种冷端温度条件下冻融及压缩前、后不同状态下土样颗粒丰度的分布情况，对于原状土，其丰度主要集中在 0.2～0.5，颗粒多数趋于扁圆形。在冻融及压缩作用下，颗粒丰度分布有所变化，但丰度仍主要集中在 0.2～0.6。

（5）颗粒平均分维数变化规律

图 5-22 为 4 种冷端温度条件下冻融及压缩前、后各状态试样土颗粒形态分布分维数的变化情况。

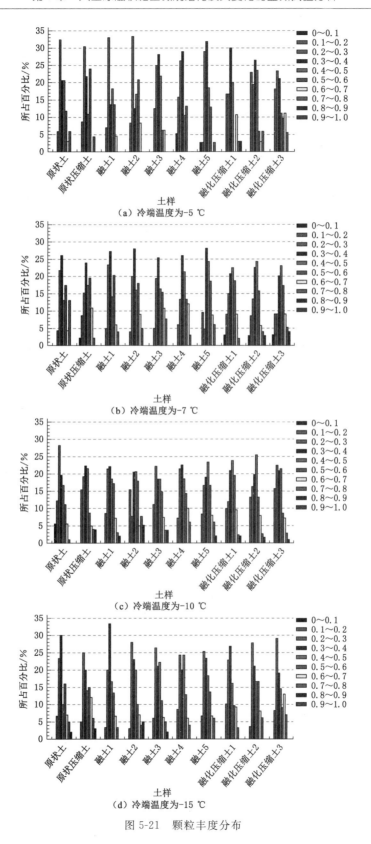

图 5-21　颗粒丰度分布

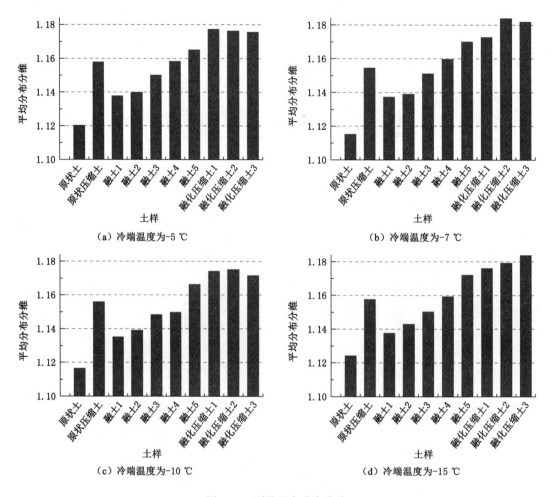

（a）冷端温度为-5 ℃

（b）冷端温度为-7 ℃

（c）冷端温度为-10 ℃

（d）冷端温度为-15 ℃

图 5-22　颗粒形态分布分维

可见冻融及压缩作用后土颗粒形态分布分维均比原状土增大,不同冷端温度冻融及压缩后变化又有差异。原状压缩土颗粒形态分布分维较原状土增大,4 组试样平均增大 3.3%。对于融土,与原状土颗粒形态分布分维相比,冷端温度为－5 ℃时冻融后沿试样高度从上到下分别变化 2.0%、2.1%、3.2%、4.0%、4.9%,冷端温度为－7 ℃时冻融后沿试样高度从上到下分别变化 1.6%、1.7%、2.7%、3.4%、4.0%,冷端温度为－10 ℃时冻融后沿试样高度从上到下分别变化 1.7%、2.0%、2.9%、3.0%、4.5%,冷端温度为－15 ℃时冻融后沿试样高度从上到下分别变化 1.2%、1.7%、2.3%、3.1%、4.3%。而冻融压缩土的颗粒形态分布分维变化最大,4 组试验平均增大 5.2%。表明冻融后土样颗粒分维数稍微增大,结构单元体形态较原状土复杂,大颗粒周围的小颗粒增多,这与冻融过程中细小颗粒的破碎和团聚程度提高有关系。

5.6　本章小结

本章针对不同冷端温度条件下冻融及压缩前、后的土样进行 ESEM 观测,从定性和定

量的角度分析软黏土冻融及压缩前、后微观结构的差异和微观结构参数的变化,主要结论如下:

（1）通过对比不同放大倍数条件下的软黏土 ESEM 图像,确定放大倍数为 3 000 倍时的 ESEM 图像能够用于更直观、全面土体微观结构(孔隙和颗粒)特性分析。冻融后靠近试样上端土体被挤压,片状结构排列凌乱,部分大孔隙闭合;试样下部土骨架的片状结构保存较好,颗粒间的孔隙明显变大,孔隙的连通性变好。冻融压缩后土体孔隙闭合,片状颗粒层叠堆砌,团聚程度增加。

（2）利用 IPP 图像分析软件提取颗粒和孔隙的平均直径、定向频率、圆形度、丰度和形态分布分维等 5 个参数作为 ESEM 图像定量分析土体微观结构的参数,并明确了 IPP 软件提取微观结构参数的详细方法和步骤。

（3）冻融及压缩后孔隙平均直径减小,土体定向性增强,孔隙平均圆形度增大,土体孔隙趋向扁圆形发展;孔隙形态分布分维数增加,且冷端温度越高,试样上端的孔隙形态分维数越大。

（4）冻融及压缩后颗粒平均粒径减小,颗粒定向性减弱,土颗粒定向性较差,压缩土颗粒平均圆形度降低;冻融后试样下部土颗粒平均圆形度增大,上部减小;颗粒丰度主要集中在 0.2～0.6;冻融及压缩后土颗粒形态分布分维数增大,且越靠近冷端,颗粒形态分布分维数越大。

第6章 结论及展望

6.1 主要研究结论

本书针对城市地下工程人工冻结法施工中所面临的人工冻土融沉控制难题,以宁波地区典型海相原状软黏土为研究对象,对封闭系统单向冻融不同冻结冷端温度条件下土体的冻融特性进行系统研究,并结合工业 CT 扫描及层析技术(X-CT)、压汞测试法(MIP)和环境扫描电镜(ESEM)三种微细观研究手段,对人工冻融软黏土融沉变形的微细观变化机理进行了系列研究。

主要研究成果与结论如下:

(1) 改制了一套基于温度梯度控制,能模拟单向冻融的冻胀融沉试验系统,该系统控温精确,可实现全程温度场及位移采集与处理,并对宁波地区典型海相原状软黏土进行了不同冷端温度条件下的封闭系统单向冻融试验。

(2) 进行不同冻结冷端温度(−5 ℃、−7 ℃、−10 ℃、−15 ℃)条件下的封闭系统单向冻融试验,对原状软黏土冻融相关特性进行系统研究,结果表明:

① 冷端温度越低,冻胀率及融沉系数越小,且冻胀量小于融沉量。冷端温度越低,冻结完成时间越短,冻结深度越大。冷端温度越低,冻结锋面发展速率越大,冻结完成时冻结锋面所处的位置距离冷端越远。

② 冻融后沿试样高度方向水分重分布差异明显,试样上部含水率降低,试样下部含水率增大;冷端温度越高,水分迁移趋势越明显。

③ 冻融后沿试样高度不同位置处土体压缩系数和压缩指数均降低,且沿试样高度方向试样最上端压缩系数和压缩指数最小,即冻融后变化量最大;冷端温度越高,沿试样高度不同位置处的压缩系数和压缩指数变化越明显。

④ 原状软黏土冻融后沿试样高度方向试样上部含水率降低、孔隙比降低、干密度增大,下部含水率增大、孔隙比增大、干密度减小。

(3) 通过 X-CT 断层扫描获得冻融前、后土样的三维 CT 模型图像,并利用 V. G. Studio 软件对 CT 数据进行重构和图像定量分析,从细观尺度对土体融沉变形特性进行研究分析:

① 对比不同冷端温度冻结条件下冻融前、后土体三维 CT 模型,提出软黏土封闭系统单向冻融条件下靠近暖端位置出现冻融颈缩现象。并结合三维 CT 模型,对冻融颈缩现象进行定量研究,得出 4 种冷端温度条件下,冷端温度越高,冻融颈缩现象越明显,发生颈缩处的收缩量越大的结论。

② 针对不同冷端温度条件下软黏土不同程度的冻融颈缩,提出软黏土封闭系统单向冻融条件下冻融体积收缩率,定量研究了冻融体积收缩率与冻结冷端温度和冻结完成时间之

间的关系,并得出冻融体积收缩率与冻结冷端温度呈指数衰减关系,即冷端温度越低,冻融体积收缩率越小。冻融体积收缩率与冻结完成时间呈线性关系,即冻结完成时间越短,冻融体积收缩率越小。

③ 对 4 种冷端温度条件下冻融前、后沿试样高度不同位置处的 CT 图像特征参量 CTI 进行统计分析,运用数学计算方法消除杯状伪影对 CTI 数据带来的噪音,对不同位置处 CT 横截面的 CTI 平均值进行差值化处理,得到不同冷端温度条件下冻融前、后沿试样高度不同位置处的 CTI 均值变化情况:冻融后土样上端 CTI 增大,土样下端 CTI 减小,说明试样上部密实度增大,下端密实度减小。

④ 通过与冻融后沿试样高度不同位置处的含水率变化量 Δw、孔隙比变化量 Δe 和干密度变化量 $\Delta \rho_d$ 等的变化相对比,发现 ΔCTI_g 的变化与这些参数之间具有较好的线性对应关系,表明通过 CT 扫描检测就能定量得出土体冻融后物理性能参数(含水率、孔隙比和干密度等)的变化情况。

(4) 结合压汞试验结果对不同冷端温度条件下冻融及压缩前、后土体融沉变形的微观孔隙变化进行研究,所得结论如下:

① 软黏土各状态下土样的进汞曲线均为两端较平缓,中间陡峭;退汞曲线为随压力减小退汞体积线性减小。进、退汞曲线并不重合,说明一些汞永久性残留在孔隙中。

② 软黏土压缩后总孔体积明显减小;冻融后试样上部总孔体积减小,下部总孔体积增大;冻融压缩土的总孔体积最小。

③ 软黏土压缩后平均孔径减小,冻融后试样上部平均孔径减小,下部增大,融化压缩土平均孔径减小且变化值最大。

④ 原状土压缩后试样孔隙率降低,冻融后试样上部孔隙率减小,下部孔隙率增大。

⑤ 将土体微观孔隙分为大孔隙($d \geqslant 1\,000$ nm)、中孔隙(200 nm$\leqslant d < 1\,000$ nm)、小孔隙(30 nm$\leqslant d < 200$ nm)和微孔隙($d < 30$ nm)。土体冻融后上部大孔隙减少、中孔隙增加,下部小孔隙和微孔隙有所增加;压缩后土体大孔隙湮灭,中孔隙和微孔隙增加。

⑥ 对各状态下土体总孔体积分布分维数和占孔隙绝大多数的微孔隙、小孔隙及中孔隙分布分维数进行定量研究,分布分维数越大表明孔隙均一化程度越低,孔隙间尺寸相差较大,越具有大、小混杂的特点。

(5) 结合 ESEM 显微图像观测,从定性和定量的角度分析软黏土冻融及压缩前、后融沉变形的微观结构差异和微观结构参数的变化,得出如下结论:

① 通过对比不同放大倍数条件下的软黏土 ESEM 图像,确定放大倍数为 3 000 倍时的 ESEM 图像能够用于更直观、全面的土体微观结构(孔隙和颗粒)特性分析。冻融后靠近试样上端,土体被挤压,片状结构排列凌乱,部分大孔隙闭合;试样下部土骨架的片状结构保存较好,颗粒间的孔隙明显变大,孔隙的连通性变好。冻融压缩后土体孔隙闭合,片状颗粒层叠堆砌,团聚程度增大。

② 利用 IPP 图像分析软件提取颗粒和孔隙的平均直径、定向频率、圆形度、丰度和形态分布分维 5 个参数作为 ESEM 图像定量分析土体微观结构的参数,并明确了 IPP 软件提取微观结构参数的详细方法和步骤。

③ 冻融及压缩后孔隙平均直径减小,土体定向性增强,孔隙平均圆形度增大,土体孔隙趋向扁圆形发展;孔隙形态分布分维数增大,且冷端温度越高,试样上端的孔隙形态分布分

维数越大。

④ 冻融及压缩后颗粒平均粒径减小,颗粒定向性减弱,土颗粒定向性较差,压缩土颗粒平均圆形度减小;冻融后试样下部土颗粒平均圆形度增大,上部减小;颗粒丰度主要集中在0.2~0.6;冻融及压缩后土颗粒形态分布分维数增大,且越靠近冷端颗粒形态分布分维数越大。

6.2　研究展望

本书虽然从土体微细观结构角度研究了人工冻融软黏土原状土体的冻融特性微细观机理,得到一些定性和定量的结论和认识,但是限于目前的研究手段及时间、知识水平等因素及人工冻融软黏土微细观变化机理的复杂性,本书的研究仍存在许多不足之处,尚有一些问题值得进一步探讨和研究,建议如下:

(1) 本书仅进行封闭系统的单向冻融试验,试验过程没有外界水源补给。建议以后对封闭系统及开放系统条件下土体冻融特性的微细观变化进行对比研究,从而揭示水分迁移引起冻胀融沉的微细观结构变化机理。

(2) 本书主要针对冻融前的原状土体及冻融后的融土,但实际上在温度梯度作用下冻结稳定状态土的微细观结构形态对进一步研究土体融沉过程中的微细观变化具有重要意义,相信随着试验观测手段的进一步发展,“冻前、冻中、融后”这一动态过程的微细观结构观测将是土体冻融特性微细观研究的方向。

(3) 本书针对人工冻融软黏土微细观结构改变进行了系列定性及定量研究,虽然也尝试用某些微细观参数和分形几何的方法定量表征土体宏观融沉的变化,但是限于微细观变化的复杂性和微细观参数的多样性,建议进一步根据非线性数学的相关理论,建立多微细观参数的宏观融沉变化定量关系。

参 考 文 献

[1] 中国城市轨道交通协会,城市轨道交通 2019 年统计和分析报告[R/OL].(2020-05-07)
[2020-5-18]. https://www.camet.org.cn/tjxx/5133.

[2] 杨平,张婷.城市地下工程人工冻结法理论与实践[M].北京:科学出版社,2015.

[3] HAN L,YE G L,LI Y H,et al. In situ monitoring of frost heave pressure during cross
passage construction using ground-freezing method[J]. Canadian geotechnical journal,
2015,53(3):530-539.

[4] ZHANG M,WANG L,WANG B,et al. Horizontal freezing study for cross passage of
river-crossing tunnel[J]. Sciences in cold and arid regions,2011,3(4):314-318.

[5] ANDERSLAND O B,LADANYI B. Frozen ground[M]//An Introduction to Frozen
Ground Engineering. Boston:Springer ,1994:1-22.

[6] ZHOU J,TANG Y Q. Artificial ground freezing of fully saturated mucky clay:Tha-
wing problem by centrifuge modeling[J]. Cold regions science and technology,2015,
117:1-11.

[7] SANGER F J,SAYLES F H. Thermal and rheological computations for artificially
frozen ground construction[J]. Engineering geology,1979,13(1-4):311-337.

[8] WATSON G H,SLUSARCHUK W A,ROWLEY R K. Determination of some frozen
and thawed properties of permafrost soils[J]. Canadian geotechnical journal,1973,10
(4):592-606.

[9] 刘贯荣.人工冻土融沉特性与微观结构研究[D].南京:南京林业大学,2015.

[10] 肖朝昀,胡向东.人工地层冻结冻土自然解冻与强制解冻实测分析[J].长江大学学报
(自然科学版),2009,6(3):92-95.

[11] 岳丰田,张水宾,仇培云,等.地铁联络通道冻结加固技术研究[J].地下空间与工程学
报,2006,2(8):1341-1345.

[12] ZHANG Y Z,DU Y L,SUN B C. Temperature distribution analysis of high-speed
railway roadbed in seasonally frozen regions based on empirical model[J]. Coldre-
gions science and technology,2015,114:61-72.

[13] SONG Y,JIN L,ZHANG J Z. In-situ study on cooling characteristics of two-phase
closed thermosyphon embankment of Qinghai-Tibet Highway in permafrost regions
[J]. Cold regions science and technology,2013,93:12-19.

[14] 沈思言.人工冻结土强度及蠕变计算[D].兰州:兰州冻土研究所,1983.

[15] 崔托维奇 H A.冻土力学[M].张长庆,朱元林,译.北京:科学出版社,1985.

[16] 陈瑞杰,程国栋,李述训,等.人工地层冻结应用研究进展和展望[J].岩土工程学报,

2000,22(1):40-44.

[17] 陈湘生.我国煤矿凿井技术现状及展望[J].煤炭科学技术,1997,25(1):11-13.

[18] 周晓敏,王梦恕.人工地层冻结技术在我国城市地下工程中的兴起[J].都市快轨交通,2004,17(S1):77-80.

[19] 周国庆.人工地层冻结法中的若干理论与技术问题[C]//中国科协2002年学术年会论文集.成都:[s.n.],2002:319.

[20] 周晓敏,王梦恕,张顶立,等.地层冻结技术在北京地铁施工中的应用分析[J].岩土工程界,2002,5(3):61-64.

[21] 杨平,佘才高,董朝文,等.人工冻结法在南京地铁张府园车站的应用[J].岩土力学,2003,24(S2):388-391.

[22] 杨平,袁云辉,佘才高,等.南京地铁集庆门盾构隧道进洞端头人工冻结加固温度实测[J].解放军理工大学学报(自然科学版),2009,10(6):591-596.

[23] 岳丰田,张水宾,李文勇,等.地铁联络通道冻结加固融沉注浆研究[J].岩土力学,2008,29(8):2283-2286.

[24] 岳丰田,张勇,杨国祥,等.隧道联络通道冻结位移场模型试验研究[J].中国矿业大学学报,2005,34(2):80-83.

[25] 胡向东,程烨尔.盾构尾刷冻结法更换的温度场数值分析[J].岩石力学与工程学报,2009,28(S2):3516-3525.

[26] 陈成,杨平,张婷,等.长距离液氮冻结加固高承压富含水层温度实测研究[J].岩土工程学报,2012,34(1):145-150.

[27] JOHANSSON T. Artificial ground freezingin clayey soils:laboratory and field studies of deformations during thawing at the bothnia line[D]. Stockholm KTH:School of Architecture and the Built Environment,2009.

[28] CRORY F E. Settlement associated with the thawing of permafrost[J]. AAPG Bulletin,1970,54(12):2475-2476.

[29] CRORY F E. Consolidation of permafrost upon thawing[C]. Sedimentation consolidation models-predictions and validation. [S. l. :s. n.],2015.

[30] 周国庆.饱水砂层中结构的融沉附加力研究[J].冰川冻土,1998,20(2):120-123.

[31] 陈肖柏,刘建坤,刘鸿绪.土的冻结作用与地基[M].北京:科学出版社,2006.

[32] 王效宾,杨平,张婷.人工冻土融沉特性试验研究[J].南京林业大学学报(自然科学版),2008,32(4):108-112.

[33] 张青龙,李宁,马巍,等.高温冻土区填土路基融化固结变形分析[J].冰川冻土,2014,36(3):614-621.

[34] ALKIRE B. Generalized thaw settlement of soil[C]//15th Annual engineering geology and soils engineering symposium. [S. l. :s. n.],1977.

[35] PONOMAREV V D,SOROKIN V A,FEDOSEEV Y G. Compressibility of sandy permafrost during thawing[J]. Soilmechanics and foundation engineering,1988,25(3):124-128.

[36] 何平,程国栋,杨成松,等.冻土融沉系数的评价方法[J].冰川冻土,2003,25(6):

608-613.

[37] 梁波,张贵生,刘德仁.冻融循环条件下土的融沉性质试验研究[J].岩土工程学报,2006,28(10):1213-1217.

[38] 李韧,赵林,丁永建,等.地表能量变化对多年冻土活动层融化过程的影响[J].冰川冻土,2011,33(6):1235-1242.

[39] 郑美玉.季节冻土(粉质粘土)融沉特性试验研究[D].哈尔滨:黑龙江大学,2012.

[40] 王天亮,卜建清,王扬,等.多次冻融条件下土体的融沉性质研究[J].岩土工程学报,2014,36(4):625-632.

[41] 高宝林,孙志忠,董添春,等.青藏铁路路基下融化夹层特征及其对路基沉降变形的影响[J].冰川冻土,2015,37(1):126-131.

[42] 阴琪翔,周国庆,赵晓东,等.双向冻结单向融化土冻融循环下的融沉及压缩特性[J].中国矿业大学学报,2015,44(3):437-443.

[43] GUYMON G L,BERG R L,INGERSOLL J. Partial verification of a thaw settlement model[C]//Freezing and Thawing of Soil-Water Systems. [S. l. :s. n.],1985:18-25.

[44] FORIERO A,LADANYI B. FEM assessment of large-strain thaw consolidation[J]. Journal of geotechnical engineering,1995,121(2):126-138.

[45] 李述训,南卓铜,赵林.冻融作用对系统与环境间能量交换的影响[J].冰川冻土,2002,24(2):109-115.

[46] SHOOP S. Cap plasticity model for thawing soil[C]//Calibration of constitutive models. [S. l. :s. n.],2014:1-11.

[47] 侯曙光,沙爱民.土体冻融过程温度场与位移场耦合分析[J].长安大学学报(自然科学版),2009,29(5):25-29.

[48] 蔡海兵.地铁隧道水平冻结工程地层冻胀融沉的预测方法及工程应用[D].长沙:中南大学,2012.

[49] 石峰.动荷载条件下冻土融化固结与变形研究[D].北京:北京交通大学,2014.

[50] 田亚护,张青龙,穆彦虎,等.高温冻土区填土路基的地基融化固结变形分析[J].中国铁道科学,2014,35(3):1-7.

[51] 张久鹏,袁卓亚,汪双杰,等.冻土融沉对路面结构力学响应的影响[J].长安大学学报(自然科学版),2014,3(4):7-12.

[52] 张玉芝,杜彦良,孙宝臣,等.季节性冻土地区高速铁路路基冻融变形规律研究[J].岩石力学与工程学报,2014,33(12):2546-2553.

[53] 张玉芝.深季节性冻土地区高速铁路路基稳定性研究[D].北京:北京交通大学,2015.

[54] 夏才初,范东方,李志厚,等.隧道多年冻土段隔热层厚度解析计算结果的探讨[J].土木工程学报,2015,48(2):118-124.

[55] CHAMBERLAIN E J,GOW A J. Effect offreezing and thawing on the permeability and structure of soils[J]. Engineering geology,1979,13(1-4):73-92.

[56] BENSON C H,OTHMAN M A. Hydraulic conductivity of compacted clay frozen and thawed in situ[J]. Journal of geotechnical engineering,1993,119(2):276-294.

[57] 杨平,张婷.人工冻融土物理力学性能研究[J].冰川冻土,2002,24(5):665-667.

[58] 王效宾,杨平,王海波,等.冻融作用对黏土力学性能影响的试验研究[J].岩土工程学报,2009,31(11):1768-1772.

[59] 杨成松,何平,程国栋,等.冻融作用对土体干容重和含水量影响的试验研究[J].岩石力学与工程学报,2003,22(S2):2695-2699

[60] VIKLANDER P. Permeability and volume changes in till due to cyclic freeze/thaw[J]. Canadian geotechnical journal,2011,35(3):471-477.

[61] 金龙,汪双杰,陈建兵.高含冰量冻土的融化压缩变形机理[J].公路交通科技,2012,29(12):7-13.

[62] 王泉,马巍,张泽,等.冻融循环对黄土二次湿陷特性的影响研究[J].冰川冻土,2013,35(2):376-382.

[63] 王效宾,杨平.基于BP人工神经网络的冻土融沉系数预测方法研究[J].森林工程,2008,24(5):18-21.

[64] 姚晓亮,齐吉琳.融沉系数的人工神经网络预测方法[J].冰川冻土,2011,33(4):891-896.

[65] 王广地,程守金,焦德智.基于非线性混沌的冻土路基融沉变形预测[J].西部探矿工程,2006,18(9):240-241.

[66] 孙全胜,常继峰.基于支持向量机的多年冻土路基融沉变形预测[J].公路工程,2014,39(5):136-140.

[67] 蔡海兵,彭立敏,郑腾龙.隧道水平冻结施工期地表融沉的历时预测模型[J].岩土力学,2014,35(2):504-510.

[68] 蔡海兵,黄以春,李阳.基于随机介质理论的土体融沉预测及其参数敏感性分析[J].铁道标准设计,2015,59(8):107-111.

[69] 施斌.粘性土微观结构研究回顾与展望[J].工程地质学报,1996,4(1):39-44.

[70] 孙明乾.天津滨海新区软土流变固结特性研究[D].长春:吉林大学,2016.

[71] 马伯宁.基于双尺度的软土流变固结理论与试验研究[D].杭州:浙江大学,2013.

[72] 周宇泉,洪宝宁.粘性土压缩过程中的微细结构变化试验研究[J].岩土力学,2005,26(S1):82-86.

[73] 洪宝宁,刘鑫.土体微细结构理论与试验[M].北京:科学出版社,2010.

[74] 刘鑫,洪宝宁,陈艳丽,等.侵蚀环境下水泥土强度及微结构变化规律研究[J].武汉理工大学学报,2010,32(10):11-15.

[75] TERZAGHI K. Principles of soil mechanics,a summary of experimental results of clay and sand[J]. Eng. News Rec,1925,3:98.

[76] KUBIËNA W. Importance of soil microscopy for soil erosionstudies[J]. Soil science society of america journal,1938,2(C):1.

[77] 王峥辉.下蜀黄土超声波波速与物理力学性质试验研究[D].南京:河海大学,2007.

[78] 李向全,官国琳,叶浩,等.粘性土微结构定量模型及其工程地质特征研究[M].北京:地质出版社,1995.

[79] 王婧.珠海软土固结性质的宏微观试验及机理分析[D].广州:华南理工大学,2013.

[80] 赵常洲,王晖,杨为民.夯实地基土的微结构特性及其对工程性质的影响[J].岩土工程

技术,2005,19(2):75-79.

[81] 夏银飞.软粘土的结构性及模型研究[D].武汉:武汉理工大学,2007.

[82] 刘勇健,符纳,陈创鑫,等.三轴冲击荷载作用前后软黏土的微观结构变化研究[J].广东工业大学学报,2015,32(2):23-27.

[83] 王伟,冯小平,邹昀,等.黏性土力学强度与微结构动态环境能场内在关联分析[J].岩土力学,2006,27(12):2219-2224.

[84] 黄雨,周子舟,柏炯,等.水泥土搅拌法加固冲填土软土地基的微观试验[J].同济大学学报(自然科学版),2010,38(7):997-1001.

[85] 王绍全,申杨凡,何钰龙,等.冻融作用下石灰改良土微观特性研究[J].路基工程,2015(3):75-78,83.

[86] CUISINIER O,DE AURIOL J C,LE BORGNE T,et al. Microstructure and hydraulic conductivity of a compacted lime-treated soil[J]. Engineering geology,2011,123(3):187-193.

[87] 柴寿喜.固化滨海盐渍土的强度特性研究[D].兰州:兰州大学,2006.

[88] 边汉亮,蔡国军,刘松玉,等.有机氯农药污染土强度特性及微观机理分析研究[J].地下空间与工程学报,2014,10(6):1317-1323.

[89] 高国瑞.细粒土结构专门术语、概念和分类命名的初步方案[J].水文地质工程地质,1986(1):8-16.

[90] OSIPOV V I. Physico-chemical fundamentals of soil microrheology[C]//Proc 6th international congress international association of engineering geology. [S. l. :s. n.],1990:713-724.

[91] OUHADI V R,YONG R N. Impact of clay microstructure and mass absorption coefficient on the quantitative mineral identification by XRD analysis[J]. Applied clay science,2003,23(1-4):141-148.

[92] 查甫生,刘松玉,杜延军,等.黄土湿陷过程中微结构变化规律的电阻率法定量分析[J].岩土力学,2010,31(6):1692-1698.

[93] 查甫生,刘松玉,杜延军,等.基于电阻率法的膨胀土吸水膨胀过程中结构变化定量研究[J].岩土工程学报,2008,30(12):1832-1839.

[94] MONGA O,NDEYE NGOM F,FRANÇOIS DELERUE J. Representing geometric structures in 3D tomography soil images:Application to pore-space modeling[J]. Computers & geosciences,2007,33(9):1140-1161.

[95] NGOM N F,MONGA O,OULD MOHAMED M M,et al. 3D shape extraction segmentation and representation of soil microstructures using generalized cylinders[J]. Computers &geosciences,2012,39:50-63.

[96] 王静.季冻区路基土冻融循环后力学特性研究及微观机理分析[D].长春:吉林大学,2012.

[97] 张先伟,孔令伟,郭爱国,等.基于SEM和MIP试验结构性黏土压缩过程中微观孔隙的变化规律[J].岩石力学与工程学报,2012,31(2):406-412.

[98] 张先伟,孔令伟,郭爱国,等.不同固结压力下强结构性黏土孔隙分布试验研究[J].岩

土力学,2014,35(10):2794-2800.

[99] 张先伟,孔令伟,李峻,等.黏土触变过程中强度恢复的微观机理[J].岩土工程学报,2014,36(8):1407-1413.

[100] 韩鹏举,刘新,白晓红.硫酸钠对水泥土的强度及微观孔隙影响研究[J].岩土力学,2014,35(9):2555-2561.

[101] 杜延军,刘松玉,魏明俐,等.电石渣改良路基过湿土的微观机制研究[J].岩石力学与工程学报,2014,33(6):1278-1285.

[102] DU Y J,WEI M L,REDDY K R,et al. New phosphate-based binder for stabilization of soils contaminated with heavy metals: Leaching, strength and microstructure characterization[J]. Journal of environmental management,2014,146:179-188.

[103] 周建,邓以亮,曹洋,等.杭州饱和软土固结过程微观结构试验研究[J].中南大学学报(自然科学版),2014,45(6):1998-2005.

[104] 朱长歧,周斌,刘海峰.胶结钙质土的室内试验研究进展[J].岩土力学,2015,36(2):311-319.

[105] 朱长歧,周斌,刘海峰.天然胶结钙质土强度及微观结构研究[J].岩土力学,2014,35(6):1655-1663.

[106] AHMED A. Compressive strength and microstructure of soft clay soil stabilized with recycled bassanite[J]. Applied clay science,2015,104:27-35.

[107] 万勇,薛强,吴彦,等.干湿循环作用下压实黏土力学特性与微观机制研究[J].岩土力学,2015,36(10):2815-2824.

[108] 孙红,葛修润,牛富俊,等.上海粉质粘土的三轴 CT 实时细观试验[J].岩石力学与工程学报,2005,24(24):4559-4564.

[109] 尹小涛,党发宁,丁卫华,等.岩土 CT 图像中裂纹的形态学测量[J].岩石力学与工程学报,2006,25(3):539-544.

[110] 杨庆,张传庆,栾茂田.基于微结构定量分析的非饱和土广义有效应力原理[J].大连理工大学学报,2004,44(4):556-559.

[111] 王志强,柴寿喜,仲晓梅,等.多元逐步回归分析应用于固化土强度与微结构参数相关性评价[J].岩土力学,2007,28(8):1650-1654.

[112] 李顺群,郑刚,崔春义,等.黏土微结构各向异性评估的谱系聚类方法[J].岩土工程学报,2010,32(1):109-114.

[113] 徐日庆,邓祎文,徐波,等.基于 SEM 图像信息的软土三维孔隙率定量分析[J].地球科学与环境学报,2015,37(3):104-110.

[114] 毛灵涛,薛茹,安里千,等.软土孔隙微观结构的分形研究[J].中国矿业大学学报,2005,34(5):600-604.

[115] TYLER S W,WHEATCRAFT S W. Fractal scaling of soil particle-size distributions:analysis and limitations[J]. Soil science society of america journal,1992,56(2):362-369.

[116] 李华斌.滑坡滑带土微结构的定量研究及其应用[D].北京:中国地质科学院,1992.

[117] MOORE C A,DONALDSON C F. Quantifying soil microstructure using fractals

[J]. Géotechnique,1995,45(1):105-116.

[118] 刘松玉,张继文. 土中孔隙分布的分形特征研究[J]. 东南大学学报,1997,27(3):
129-132.

[119] 许勇,张季超,李伍平. 饱和软土微结构分形特征的试验研究[J]. 岩土力学,2007,28
(S1):49-52.

[120] 唐益群,赵书凯,杨坪,等. 饱和软黏土在地铁荷载作用下微结构定量化研究[J]. 土木
工程学报,2009,42(8):98-103.

[121] CUI Z D,JIA Y J. Analysis of electron microscope images of soil pore structure for
the study of land subsidence in centrifuge model tests of high-rise building groups
[J]. Engineeringgeology,2013,164:107-116.

[122] 李向全,胡瑞林,张莉. 粘性土固结过程中的微结构效应研究[J]. 岩土工程技术,1999
(3):52-56.

[123] 王伟,胡昕,洪宝宁,等. 一种自动跟踪土微观变形的试验方法[J]. 大连理工大学学
报,2006,46(S1):126-129.

[124] 陈慧娥,王清. 水泥加固土微观结构的分形[J]. 哈尔滨工业大学学报,2008,40(2):
307-309.

[125] 曹洋,周建,严佳佳. 考虑循环应力比和频率影响的动荷载下软土微观结构研究[J].
岩土力学,2014,35(3):735-743.

[126] 邓祎文. 软黏土微观定量研究及其应用[D]. 杭州:浙江大学,2015.

[127] 苗天德,王正贵. 考虑微结构失稳的湿陷性黄土变形机理[J]. 中国科学(B辑 化学 生
命科学 地学),1990(1):86-96.

[128] 徐永福,孙婉莹,吴正根. 我国膨胀土的分形结构的研究[J]. 河海大学学报,1997,25
(1):20-25.

[129] 施斌,王宝军,宁文务. 各向异性粘性土蠕变的微观力学模型[J]. 岩土工程学报,
1997,19(3):10-16.

[130] 石玉成,裘国荣. 基于微结构的黄土震陷本构关系研究[J]. 岩土工程学报,2011,33
(S1):14-18.

[131] 尹振宇. 土体微观力学解析模型:进展及发展[J]. 岩土工程学报,2013,35(6):
993-1009.

[132] 蒋明镜,肖俞,朱方园. 深海能源土微观力学胶结模型及参数研究[J]. 岩土工程学报,
2012,34(9):1574-1583.

[133] 蒋明镜,朱方园. 一个深海能源土的温度-水压-力学二维微观胶结模型[J]. 岩土工程
学报,2014,36(8):1377-1386.

[134] 刘恩龙,刘明星,陈生水,等. 基于热力学和微极理论考虑颗粒破碎的微观力学模型
[J]. 岩土工程学报,2015,37(2):276-283.

[135] 马巍,吴紫汪,常小晓,等. 围压作用下冻结砂土微结构变化的电镜分析[J]. 冰川冻
土,1995,17(2):152-158.

[136] 张长庆,魏雪霞,苗天德. 冻土蠕变过程的微结构损伤行为与变化特征[J]. 冰川冻土,
1995,17(S1):60-65.

[137] 张长庆,苗天德,王家澄,等.冻结黄土蠕变损伤的电镜分析[J].冰川冻土,1995,17(S1):54-59.

[138] 王家澄,张学珍,王玉杰.扫描电子显微镜在冻土研究中的应用[J].冰川冻土,1996(2):90-94.

[139] 刘增利,李洪升,朱元林,等.冻土单轴压缩动态试验研究[J].岩土力学,2002,23(1):12-16.

[140] 李洪升,王悦东,刘增利.冻土中微裂纹尺寸的识别与确认[J].岩土力学,2004,25(4):534-537.

[141] ZHANG T. Linear elastic constitutive relation for multiphase porous media using microstructure superposition:Freeze-thaw soils[J]. Cold regions science and technology,2011,65(2):251-257.

[142] 李蒙蒙,牛永红,李先明,等.低含水率非饱和高温冻土模型[J].冰川冻土,2014,36(4):886-894.

[143] 张英,邴慧.基于压汞法的冻融循环对土体孔隙特征影响的试验研究[J].冰川冻土,2015,37(1):169-174.

[144] 张英,邴慧,杨成松.基于 SEM 和 MIP 的冻融循环对粉质黏土强度影响机制研究[J].岩石力学与工程学报,2015,34(S1):3597-3603.

[145] 李杨,王清,陈慧娥,等.长春地区季冻土微观结构特征的定量评价[J].河北工程大学学报(自然科学版),2007,24(4):31-34.

[146] 董宏志,王清,于莉,等.长春季节性冻土地区土体微观结构与水分迁移的关系[J].水文地质工程地质,2008,35(2):62-65.

[147] 赵安平.季冻区路基土冻胀的微观机理研究[D].长春:吉林大学,2008.

[148] 赵安平,王清,陈慧娥,等.基于季节冻土微观结构特征的神经网络冻胀率仿真预测[J].冰川冻土,2012,34(3):638-644.

[149] 赵安平,王清,李杨,等.长春季冻区路基土微观孔隙特征的定量评价[J].工程地质学报,2008,16(2):233-238.

[150] 穆彦虎,马巍,李国玉,等.冻融作用对压实黄土结构影响的微观定量研究[J].岩土工程学报,2011,33(12):1919-1925.

[151] 郑美玉,赵小宇.季节冻土区粉质粘土冻融过程结构演变试验研究[J].水电能源科学,2015,33(9):124-127.

[152] 谭龙,韦昌富,田慧会,等.冻土未冻水含量的低场核磁共振试验研究[J].岩土力学,2015,36(6):1566-1572.

[153] 刘波,吉海军,李东阳,等.郭屯立井深部人工冻土的 CT 力学试验研究[C]//2010 年中国煤炭学会青年科技工作者论坛论文集.北京:[出版者不详],2010:220-226.

[154] HAINSWORTH J,AYLMORE L. The use of computer assisted tomography to determine spatial distribution of soil water content[J]. Australian journal of soil research,1983,21(4):435-443.

[155] ANDERSON S H,GANTZER C J,BOONE J M,et al. Rapid nondestructive bulk density and soil-water content determination by computed tomography[J]. Soil sci-

ence society of America journal,1988,52:155-160.

[156] 蒲毅彬,朱元林.CT 用于冻结土、岩及冰的无损动态试验研究[J].自然科学进展, 1998,8(2):251-253

[157] LIU Z L,LI H S,ZHU Y L,et al. A distinguish model for initial and additional micro-damages on frozen soil[J]. Journal of glaciology and geocryology,2002,24 (5):676-680.

[158] 凌贤长,徐学燕,邱明国,等.冻结哈尔滨粉质粘土动三轴试验 CT 检测研究[J].岩石 力学与工程学报,2003,22(8):1244-1249.

[159] 王路君,左永振,孔宪勇,等.CT 技术在岩土工程研究中的应用[J].地下空间与工程 学报,2009,5(S2):1754-1756,1775.

[160] 徐春华,徐学燕,沈晓东.不等幅值循环荷载下冻土残余应变研究及其 CT 分析[J]. 岩土力学,2005,26(4):572-576.

[161] 程学磊,李顺群,孙世娟,等.围压和负温对冻土强度和微结构的影响研究[J].广西大 学学报(自然科学版),2014,39(1):95-104.

[162] 明锋.饱和土冻结过程中冰透镜体生长规律研究[D].北京:中国科学院大学,2014.

[163] 唐益群,沈锋,胡向东,等.上海地区冻融后暗绿色粉质粘土动本构关系与微结构研究 [J].岩土工程学报,2005,27(11):14-17.

[164] TANG Y Q,ZHOU J,HONG J,et al. Quantitative analysis of the microstructure of Shanghai muddy clay before and after freezing[J]. Bulletin of engineering geology and the environment,2012,71(2):309-316.

[165] TANG Y Q,YAN J J. Effect of freeze-thaw on hydraulic conductivity and micro-structure of soft soil in Shanghai area[J]. Environmental earth sciences,2015,73 (11):7679-7690.

[166] 洪军.人工冻结条件下上海饱和软粘土的力学特性试验研究[D].上海:同济大 学,2008.

[167] 崔可锐,刘金星,查甫生.淮南刘庄煤矿地基人工冻融土工程性质与中微观结构之间 关系研究[J].上海地质,2010,31(S1):77-79.

[168] 刘贯荣,杨平,张婷,等.人工冻土融沉特性及融土微观结构研究综述[J].森林工程, 2014,30(5):118-121.

[169] 水利部水利水电规划设计总院,南京水利科学研究院.土工试验方法标准:GB/T 50123—2019[S].北京:中国计划出版社,2019.

[170] 唐益群,洪军,杨坪,等.人工冻结作用下淤泥质黏土冻胀特性试验研究[J].岩土工程 学报,2009,31(5):772-776.

[171] 刘慧.基于 CT 图像处理的冻结岩石细观结构及损伤力学特性研究[D].西安:西安科 技大学,2013.

[172] 王宝明.Micro-CT 系统几何校正算法研究及实现[D].西安:西安电子科技大 学,2012.

[173] 奥维斯科技有限公司.工业 CT 检测中的权威软件--VG studio MAX 基本功能简介 [R/OL].（2014-03-16）[2014-12-05] http://blog. sina. com. cn/s/blog_

bed42f5d0102vis2. html.

[174] CHAMBERLAIN E J. Overconsolidation effects of groundfreezing[J]. Engineering geology,1981,18(1-4):97-110.

[175] 齐吉琳,程国栋, VERMEER P A. 冻融作用对土工程性质影响的研究现状[J]. 地球科学进展,2005,20(8):887-894.

[176] MORGENSTERN N R. 21st Rankine Lecture - Geotechnical Engineering and Frontier Resource Development[J]. Geotechnique,1981,31(3):303-365.

[177] OTHMAN M A,BENSON C H. Effect of freeze-thaw on the hydraulic conductivity and morphology of compacted clay[J]. Canadian geotechnical journal,1993,30(2):236-246.

[178] HAMILTON A. Freezing shrinkage in compacted clays[J]. Canadian geotechnical journal,1966,3(1):1-17.

[179] KONRAD J M, MORGENSTERN N R. The segregation potential of a freezing soil [J]. Canadian geotechnical journal,1981,18(4): 482-491.

[180] FREDLUND D,GAN J,RAHARDJO H. Measuring negative pore-water pressures in a freezing environment [J]. The emergence of unsaturated soil mechanics, 1991:70.

[181] TIEDJE E W, GUO P. Dewatering induced by frost heave in a closed system [C/OL]. [S. l. :s. n.],2011. http:∥geoserver. ing. puc. cl/info /conferences /Pan-Am2011/panam2011/pdfs/GEO11 Paper559. pdf.

[182] ZHANG L H,MA W,YANG C S,et al. An investigation of pore water pressure and consolidation phenomenon in the unfrozen zone during soil freezing[J]. Coldregions science and technology,2016,130:21-32.

[183] BARACOS A, BOZOZUK M. Seasonal movements in some Canadian clays[M]. [S. l. :s. n.],1957.

[184] WILLIAMS P J. The surface of the earth:an introduction to geotechnical science [M]. Hoboken:Addison-Wesley Longman Ltd,1982.

[185] WILLIAMS P J. Properties and behavior of freezing soils[J]. Norwegian geotechnical institute,1967(3):55-60.

[186] 刘波,李东阳,刘璐璐,等. 冻土正融过程 CT 扫描试验及图像分析[J]. 煤炭学报,2012,37(12):2014-2019.

[187] LIU B,LI D-Y,LIU L-L,et al. CT scanning and images analysis during frozen soil thawing[J]. Journal of China coal society,2012,12:11.

[188] VAN GEET M,SWENNEN R,WEVERS M. Towards 3-D petrography:application of microfocus computer tomography in geological science[J]. Computers & geosciences,2001,27(9):1091-1099.

[189] YAO Y B,LIU D M,CHE Y,et al. Non-destructive characterization of coal samples from China using microfocus X-ray computed tomography[J]. International journal of coal geology,2009,80(2):113-123.

［190］ SAN JOSÉ MARTÍNEZ F,MARTÍN M A,CANIEGO F J,et al. Multifractal analy-
sis of discretized X-ray CT images for the characterization of soil macropore struc-
tures［J］. Geoderma,2010,156(1-2):32-42.

［191］ ZELELEW H M,PAPAGIANNAKIS A T. A volumetrics thresholding algorithm
for processing asphalt concrete X-ray CT images［J］. International journal of pave-
ment engineering,2011,12(6):543-551.

［192］ SAVITZKY A,GOLAY M J E. Smoothing and differentiation of data by simplified
least squares procedures［J］. Analytical chemistry,1964,36(8):1627-1639.

［193］ KETCHAM R A,CARLSON W D. Acquisition,optimization and interpretation of
X-ray computed tomographic imagery:applications to the geosciences［J］. Computers
& geosciences,2001,27(4):381-400.

［194］ HUNTER A K,MCDAVID W D. Characterization and correction of cupping effect
artefacts in cone beam CT［J］. Dento maxillofacial radiology,2012,41(3):217-223.

［195］ 丁建文,洪振舜,刘松玉. 疏浚淤泥流动固化土的压汞试验研究［J］. 岩土力学,2011,
32(12):3591-3596,3603.

［196］ DELAGE P,LEFEBVRE G. Study of the structure of a sensitive Champlain clay and
of its evolution during consolidation［J］. Canadian geotechnical journal,1984,21(1):
21-35.

［197］ 陈悦,李东旭. 压汞法测定材料孔结构的误差分析［J］. 硅酸盐通报,2006,25(4):198-
201,207.

［198］ HONG Z S,TATEISHI Y,HAN J. Experimental study of macro- and microbehavior
of natural diatomite［J］. Journal of geotechnical and geoenvironmental engineering,
2006,132(5):603-610.

［199］ ROUQUEROL J,ROUQUEROL F,LLEWELLYN P,et al. Adsorption by powders
and porous solids:principles,methodology and applications［M］. Pittsburgh:Aca-
demic press,2013.

［200］ 周晖. 珠江三角洲软土显微结构与渗流固结机理研究［D］. 广州:华南理工大学,2013.

［201］ MELLOR J D. Fundamentals of freeze-drying［M］. London:Academic Press Inc.
(London) Ltd.,1978.

［202］ 张先伟,孔令伟. 常温、常压、常态的大气环境下黏性土微观孔隙的缓慢变异特征［J］.
中国科学:技术科学,2014,44(2):189-200.

［203］ 张先伟,孔令伟. 利用扫描电镜、压汞法、氮气吸附法评价近海黏土孔隙特征［J］. 岩土
力学,2013,34(S2):134-142.

［204］ SHEAR D,OLSEN H,NELSON K. Effectsof desiccation on the hydraulic conduc-
tivity versus void ratio relationship fora natural clay［R］. Washington:National
academy press,1993:1365-1370.

［205］ KODIKARA J,BARBOUR S,FREDLUND D. Changes in clay structure and behav-
iour due to wetting and drying［C］//Proceedings 8th Australia New Zealand Confer-
ence on Geomechanics:Consolidating Knowledge.［S. l.:s. n.］1999:179-186.

[206] 胡瑞林,官国琳,李向全,等.黄土湿陷性的微结构效应[J].工程地质学报,1999,7(2):161-167.

[207] 王清,陈剑平,王敏.长春地区黄土状土湿陷性的初步分析[J].吉林地质,1991,10(3):51-56.

[208] 王清,王剑平.土孔隙的分形几何研究[J].岩土工程学报,2000,22(4):496-498.

[209] GUO X S,LI Y P,LIU R B,et al. Characteristics and controlling factors of micropore structures of the Longmaxi Shale in the Jiaoshiba area,Sichuan Basin[J]. Natural gas industry B,2014,1(2):165-171.

[210] MANDELBROT B B,WHEELER J A. The fractal geometry of nature[J]. American journal of physics,1983,51(3):286-287.

[211] 朱华,姬翠翠.分形理论及其应用[M].北京:科学出版社,2011.

[212] DU Y J,JIANG N J,LIU S Y,et al. Engineering properties and microstructural characteristics of cement-stabilized zinc-contaminated Kaolin[J]. Canadian geotechnical journal,2014,51(3):289-302.

[213] FONSECA J,O'SULLIVAN C,COOP M R,et al. Quantifying the evolution of soil fabric during shearing using scalar parameters[J]. Géotechnique,2013,63(10):818-829.

[214] 胡瑞林,王思敬,李向全,等.21世纪工程地质学生长点:土体微结构力学[J].水文地质工程地质,1999(4):5-8.

[215] OSIPOV J,SOKOLOV B. On the texture of clay soils of different genesis investigated by magnetic anisotropy method[C]. Proceedings international symposium on soil structure.[S. l. :s. n.],1973.

[216] OSIPOV V I. Physico-chemical fundamentals of soil microrheology[C]//Proc 6th international congress international association of engineering geology. Amsterdam:[s. n.],1990:713-724.

[217] 胡瑞林,李向全,官国琳,等.土体微结构力学:概念·观点·核心[J].地球学报,1999,20(2):38-44.

[218] 毛灵涛,薛茹,安里千.MATLAB在微观结构SEM图像定量分析中的应用[J].电子显微学报,2004,23(5):579-583.

[219] 王改莲,吴翠微,董建新,等.计算机图形处理软件在SEM图像定量测定中的应用[J].电子显微学报,2001,20(4):279-282.

[220] ZHANG J R,LIU Y Z,LIU Z D. Quantitative analysis of micro-porosity of eco-material by using SEM technique[J]. Journal of Wuhan University of Technology-Mater Sci Ed,2004,19(2):35-37.

[221] Image-Pro Plus. Reference guide for windows,version 6. 0[G].[S. l. :s. n.],1999.

[222] 张先伟.结构性软土蠕变特性及扰动状态模型[D].长春:吉林大学,2010.

[223] 王常明,肖树芳,夏玉斌.海积软土微观结构定量分析指标体系及应用[C]//全国环境工程地质学术讨论会.哈尔滨:[出版社不详],1999.

[224] 张先伟.IPP图像处理技术在软土微结构研究中的应用[C]//吉林大学第二届博士生

学术论坛-理科.长春:[出版社不详],2009.

[225] 张先伟,王常明,李军霞,等.蠕变条件下软土微观孔隙变化特性[J].岩土力学,2010,31(4):1061-1067.

[226] 张季如,黄丽,祝杰,等.微观尺度上土壤孔隙及其分维数的SEM分析[J].土壤学报,2008,45(2):207-215.